COURS

DE TRIGONOMÉTRIE

RECTILIGNE

COURS

DE

TRIGONOMÉTRIE

RECTILIGNE

A L'USAGE DES LYCÉES ET DES CANDIDATS AUX ÉCOLES DU GOUVERNEMENT

PAR

H. É. TOMBECK

Agrégé des Sciences, ancien Élève de l'École Normale supérieure,
Professeur au Lycée Fontanes, auteur de plusieurs ouvrages d'Enseignement

---

TROISIÈME ÉDITION
Revue et corrigée.

PARIS
LIBRAIRIE L. HACHETTE ET Cⁱᵉ
79, BOULEVARD SAINT-GERMAIN.

1875

IMPRIMERIE A. DERENNE, MAYENNE. — PARIS, BOULEVARD SAINT-MICHEL, 52.

TRIGONOMÉTRIE RECTILIGNE

LIVRE I.

I. — Préliminaires.

La Trigonométrie a pour objet de résoudre les triangles, c'est-à-dire d'en calculer les éléments inconnus, quand on en connaît assez d'éléments pour les construire.

Pour introduire les côtés des triangles dans le calcul, on les exprime au moyen de l'unité ordinaire de longueur.

Quant aux angles, on les remplace par leurs arcs. Mais ces arcs eux-mêmes ne peuvent être exprimés, comme en géométrie, en degrés, minutes, secondes, parce que leurs mesures ne seraient pas comparables à celles des côtés : on les suppose toujours pris dans la circonférence dont le rayon est égal à l'unité de longueur, et donnés par leur mesure au moyen de cette même unité.

Il semble, il est vrai, que l'on perd de la sorte l'avantage de la mesure des angles en géométrie, où la circonférence dans laquelle on prenait les arcs était arbitraire. Mais cet inconvénient n'est qu'apparent, car dire que l'on mesure les angles par la longueur des arcs qui leur correspondent dans la circonf. de rayon $= 1$, c'est dire qu'on les mesure par le rapport au rayon, des arcs qui leur correspondent dans une circonf. quelconque.

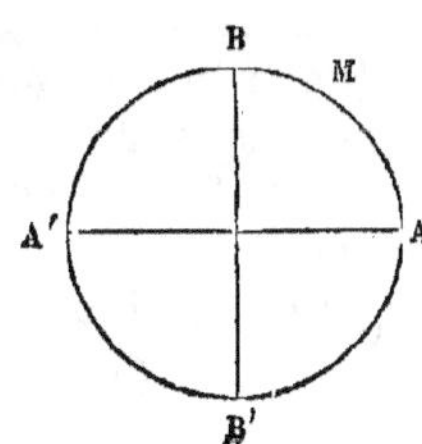

Pour rendre les arcs comparables entre eux, on les compte toujours à partir du même point A de la circonf. à laquelle ils appartiennent, point qu'on appelle *l'origine des arcs*.

Ils sont considérés comme positifs ou négatifs, suivant qu'ils sont comptés dans le sens AB ou en sens contraire.

On est d'ailleurs dans l'habitude de partager la circonférence par le diamètre AA′, et le diamètre perpendiculaire BB′, en quatre quadrants qui, à partir du point A, s'appellent le 1er quadrant, le 2e, le 3e et le 4e.

II. — Lignes Trigonométriques.

Les relations qui existent entre les côtés des triangles et les arcs qui mesurent leurs angles, étant généralement très-compliquées, au lieu d'introduire les arcs eux-mêmes dans le calcul, on y introduit d'ordinaire leurs *lignes trigonométriques*. On appelle ainsi des droites tellement liées aux arcs, que leur connaissance entraîne celle des arcs, et réciproquement.

1er groupe de lignes trigonométriques. — Il comprend trois lignes principales : le *sinus*, la *tangente* et la *sécante*.

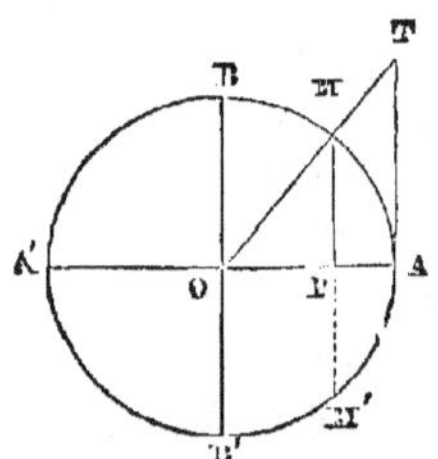

1° On appelle *sinus* d'un arc AM, la perpendiculaire MP abaissée de l'extrémité libre M de cet arc, sur le diamètre AA′ de l'origine.

Si l'on observe qu'en prolongeant MP jusqu'en M′, on a :

$$MPM′ = 2MP,$$
$$MAM′ = 2MA,$$

on voit que la définition précédente revient à dire que *le sinus d'un arc est égal à la moitié de la corde de l'arc double.*

2° La *tangente* de l'arc AM est la portion AT de la perpendiculaire menée en A sur le diamètre de l'origine, et prolongée jusqu'à la rencontre du rayon OM de l'extrémité libre.

3° La *sécante* est la distance OT comptée du centre à l'extrémité de la tangente.

Le sinus, la tangente, la sécante sont regardés comme positifs quand ils ont une position analogue à celle qu'ils occupent dans le 1er quadrant, c'est-à-dire le sinus et la tangente quand ils sont au-dessus du diamètre AA′, la sécante quand elle est comptée dans la direction même du rayon OM.

Au contraire, on les regarde comme négatifs, le sinus et la tangente quand ils sont au-dessous de AA′, et la sécante quand elle est comptée à l'opposé du rayon OM.

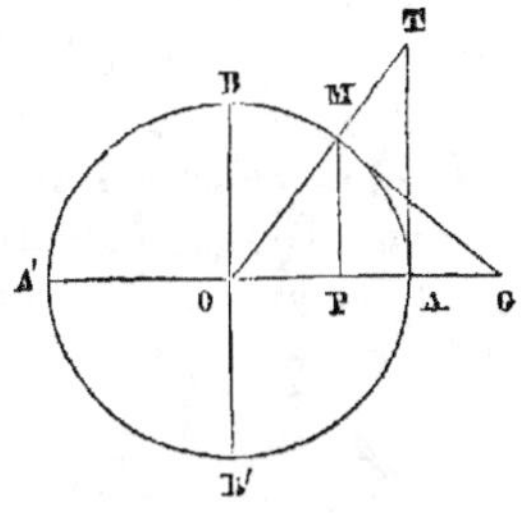

Remarque. — Quelques auteurs définissent la sécante, la distance OG comptée sur le rayon OA de l'origine, entre le centre O et la tangente MG menée par l'extrémité M de l'arc.

La sécante est alors considérée comme positive ou comme négative, suivant qu'elle est à droite ou à gauche du point O.

Il est aisé de voir que cette définition revient à la première, car OG a même longueur que OT, et d'ailleurs en faisant la figure pour chacun des quatre quadrants, on reconnaît immédiatement que lorsque OT est comptée dans la direction de OM, OG est à droite de O, tandis que OG est à gauche de O, quand OT est comptée à l'opposé de OM.

Nous adopterons la 1re définition qui simplifie les figures en évitant le tracé de la tangente MG.

Signes des lignes trigonométriques du 1er groupe, dans les quatre quadrants.

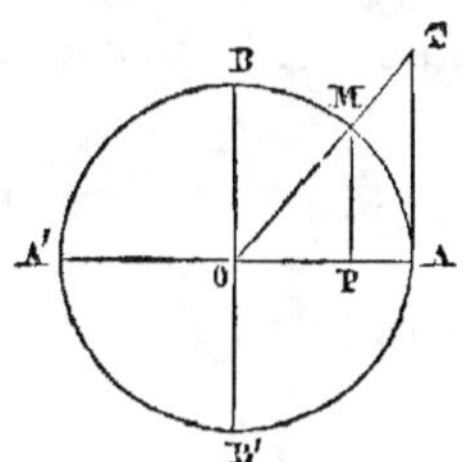
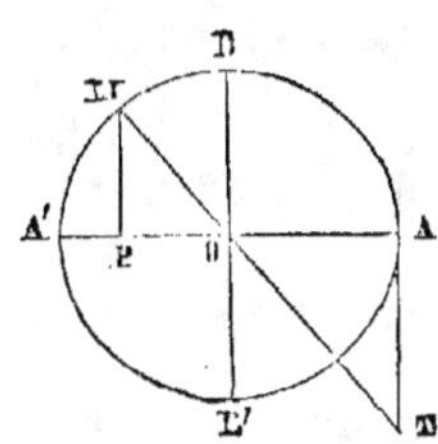
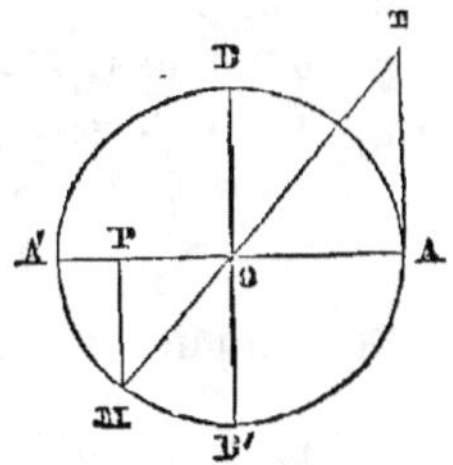

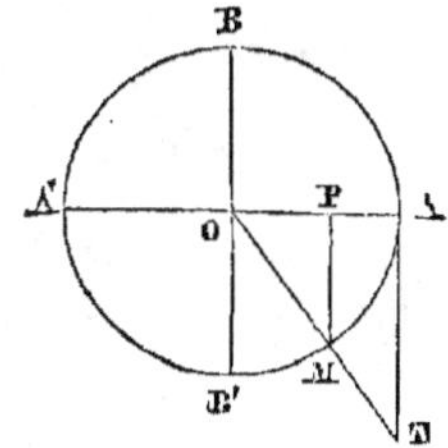

La seule inspection des figures ci-contre, montre immédiatement que : *le sinus est positif* dans le 1er et le 2e quadr. la tang. dans le 1er et le 3e, et la sécante dans le 1er et le 4e.

Variation des Lignes trigonométriques du 1er groupe. — 1° *Sinus*. Quand un arc est égal à 0 son extrémité libre se confond avec l'origine A, et la perpendiculaire abaissée de cette extrémité sur OA est nulle. Donc

$$\text{Sin } 0 = 0.$$

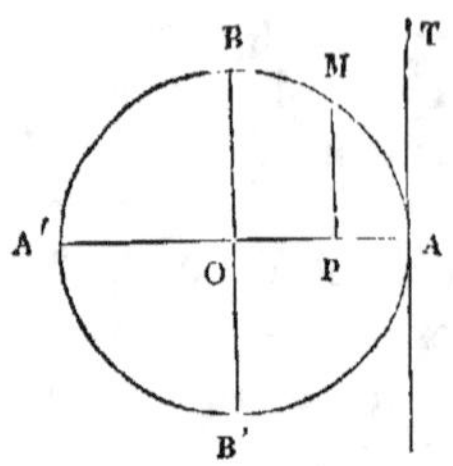

L'arc croissant, son extrémité libre M s'éloigne progressivement de OA. Le sinus augmente donc en même temps que l'arc ; puis, quand elle arrive en B, la perpendiculaire abaissée de cette extrémité sur OA se confond avec BO. Donc

$$\sin 90° \text{ ou } \sin \frac{\pi}{2} = 1.$$

Ainsi l'arc x variant de 0 à $\frac{\pi}{2}$, son sinus varie de 0 à 1.

Quand l'arc continue à croître à partir de 90° ou $\frac{\pi}{2}$, son extrémité libre marche de B vers A′, et se rapproche de AA′, en sorte que le sinus diminue ; et lorsque cette extrémité arrive en A′, le sinus redevient nul et l'on a :

$$\text{Sin } 180° \text{ ou } \sin \pi = 0.$$

Donc quand x varie de $\frac{\pi}{2}$ à π, sin x décroît de 1 jusqu'à 0.

L'arc croissant à partir de π, son extrémité libre M, marche de A′ vers B′, et s'éloigne progressivement du diamètre AA′ ; le sinus tout en restant négatif croît donc en valeur absolue ; et quand le point M arrive en B′, le sinus se confond avec B′O, et l'on a :

$$\text{Sin } 270° \text{ ou } \sin \frac{3\pi}{2} = -1.$$

Donc quand x croît de π à $\frac{3\pi}{2}$, sin x décroît de 0 à —1.

Enfin quand l'extrémité de l'arc arrive en A, le sinus redevient nul, d'où :

$$\text{Sin } 360°, \text{ ou } \sin 2\pi = 0.$$

Ainsi quand l'arc x varie de $\frac{3\pi}{2}$ à 2π, sin x augmente de —1 à 0.

2° *Tangente*. Quand l'extrémité de l'arc est en A, le rayon OM se confond avec OA, et la portion de la tangente en A comprise entre ces deux rayons, est nulle. Donc :

$$\text{Tang } 0 = 0.$$

L'extrémité libre de l'arc marchant de A vers B, le point T s'éloigne progressivement du point A et la tangente croît : or quand cette extrémité arrive en B, le rayon OM se confondant avec OB, est parallèle à AT. La tangente et la sécante ne se limitent donc plus réciproquement, et l'on a :

$$\text{Tang } 90°, \text{ ou tang } \frac{\pi}{2} = \infty$$

Ainsi quand l'arc x croît de 0 à $\frac{\pi}{2}$, tg x croît de 0 à l'∞.

Si l'extrémité libre de l'arc dépasse le point B, la tangente devient négative tout en conservant une valeur absolue plus grande que toute quantité imaginable. Elle passe donc brusquement de $+ \infty$ à $- \infty$.

Lorsque l'extrémité M de l'arc marche vers A', le point T se rapproche de A, et la tangente tout en restant négative, décroît en valeur absolue. Or quand cette extrémité arrive en A', le point T arrive lui-même en A, et la tang. redevient nulle. On a donc :

$$\text{Tg } 180°, \text{ ou tg } \pi = 0.$$

Ainsi l'arc variant de $\frac{\pi}{2}$ à π, tg x varie de $- \infty$ à 0.

Quand l'extrémité M de l'arc marche de A' vers B', la tangente redevenue positive, croit progressivement. Or quand le point M arrive en B', le rayon OB' est parallèle à AT, en sorte que la tangente et la sécante ne se limitent plus. On a donc :

$$\text{Tg } 270°, \text{ ou tg } \frac{3\pi}{2} = \infty.$$

Ainsi, quand l'arc x varie de π à $\frac{3\pi}{2}$, tg$x$ varie de 0 à $+ \infty$.

L'extrémité de l'arc dépassant le point B', la tangente redevient négative, en gardant une valeur absolue supérieure à toute quantité imaginable : Elle passe donc brusquement de $+ \infty$ à $- \infty$.

Enfin, lorsque dans le quatrième quadrant, l'extrémité M de l'arc marche de B' vers A, le point T d'abord très-éloigné de A s'en rapproche progressivement. La tangente tout en restant négative diminue donc en valeur absolue. Puis quand le point M arrive en A, la tangente redevient nulle et l'on a

$$\text{Tg } 360°, \text{ ou tg } 2\pi = 0.$$

Donc quand l'arc x varie de $\dfrac{3\pi}{2}$ à 2π, tg x varie de $-\infty$ à 0.

3° *Sécante.* Des considérations analogues permettent d'établir les faits suivants relatifs à la sécante :

On a d'abord :   Séc $0 = 1$.

Quand x varie de 0 à $\dfrac{\pi}{2}$, séc x varie de 1 à $+\infty$.

Séc x passe alors brusquement de $+\infty$ à $-\infty$.

Quand x croît de $\dfrac{\pi}{2}$ à π, séc x varie de $-\infty$ à -1 et l'on a :

Séc $180°$, ou séc $\pi = -1$.

Quand x varie de π à $\dfrac{3\pi}{2}$, séc x varie de -1 à $-\infty$, et l'on a :

Séc $270°$, ou séc $\dfrac{3\pi}{2} = -\infty$.

La séc. passe alors brusquement de $-\infty$ à $+\infty$, et l'arc x variant de $\dfrac{3\pi}{2}$ à 2π, elle varie de $+\infty$ à $+1$, en sorte qu'on a :

Séc $360°$, ou séc $2\pi = +1$.

Complément d'un arc. 2^d *groupe de lignes trigonométriques.* — On appelle complément d'un arc x, la différence $\dfrac{\pi}{2} - x$.

Si l'on désigne ce complément par y, on a $y = \dfrac{\pi}{2} - x$, et par suite $x = \dfrac{\pi}{2} - y$. On voit donc que réciproquement x est le complément de y.

Le sinus, la tangente et la sécante du complément d'un arc sont regardés comme trois nouvelles lignes trigonométriques de l'arc lui-même. On les appelle le *cosinus,* la *cotangente* et la *cosécante.*

Ainsi l'arc x étant représenté par AM, son complément compté à partir du point B comme origine, est BM; son cosinus est MR, sa cotangente BS et sa cosécante OS.

Comme OP est égal à MR et de même sens, on remplace d'habitude l'une de ces lignes par l'autre, et l'on définit directement le cosinus, *la distance du centre O au pied du sinus.*

Ces trois nouvelles lignes trigonométriques sont regardées comme positives quand elles ont la même position que dans le 1er quadrant, c'est-à-dire le cosinus et la cotangente quand ils sont à droite de BB', et la cosécante quand elle est comptée dans la direction même du rayon OM. Elles sont négatives quand elles ont la position inverse.

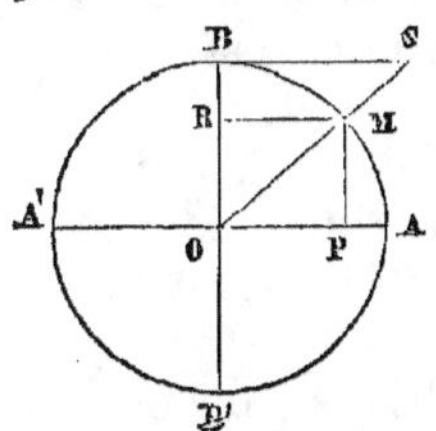
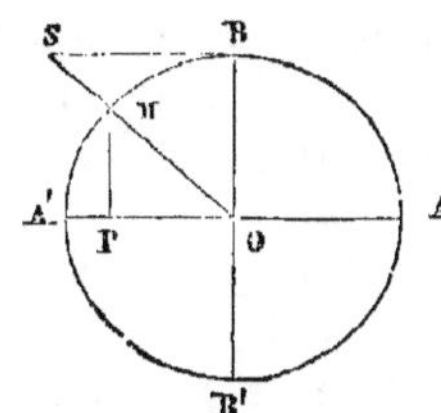
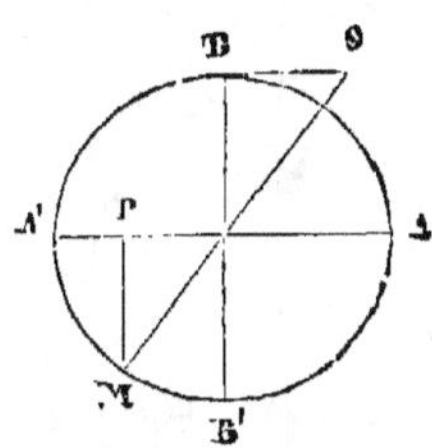

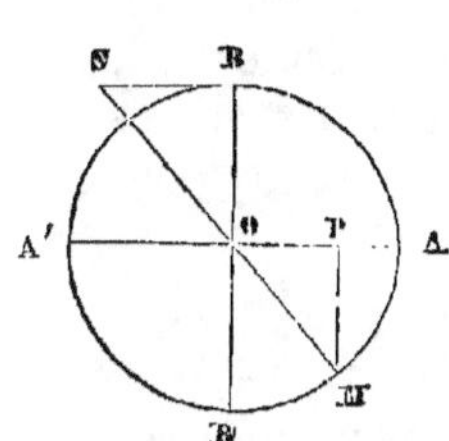

D'après cela, les figures ci-contre montrent que :

Le cos. est positif dans le 1er quadrant et le 4e ; la cotang. dans le 1er et le 3e; la cosécante dans le 1er et le 2d.

Variations des lignes trigonométriques du 2d groupe. — On établit comme on l'a fait pour celles du 1er groupe, les faits qui suivent :

1o *Cosinus.* — Dans le 1er quadrant, le cosinus varie de 1 à 0. Dans le 2d, de 0 à — 1 ;
Dans le 3e, de — 1 à 0 ;
et dans le 4e, de 0 à +1.

2o *Cotangente.* — Dans le 1er quadrant, la cotangente varie de + ∞ à 0 ;
Dans le second, elle varie de 0 à — ∞, et passe brusquement de — ∞ à + ∞ ;
Dans le 3e, elle varie de + ∞ à 0 ;
Enfin dans le 4e elle varie de 0 à — ∞, et passe brusquement de — ∞ à + ∞, quand l'extrémité de l'arc revient dans le 1er quadrant.

3o *Cosécante.* — Dans le 1er quadrant, la cosécante varie de + ∞ à +1 ;

Dans le 2^d, elle varie de $+1$ à $+\infty$; elle passe alors brusquement de $+\infty$ à $-\infty$.

Dans le 3e, elle varie de $-\infty$ à -1 ;

Enfin dans le 4e elle varie de 1 à $-\infty$, et passe brusquement de $-\infty$ à $+\infty$, quant l'extrémité de l'arc revient dans le 1er quadrant.

Relations entre les lignes trigonométriques de deux arcs égaux et de signes contraires.

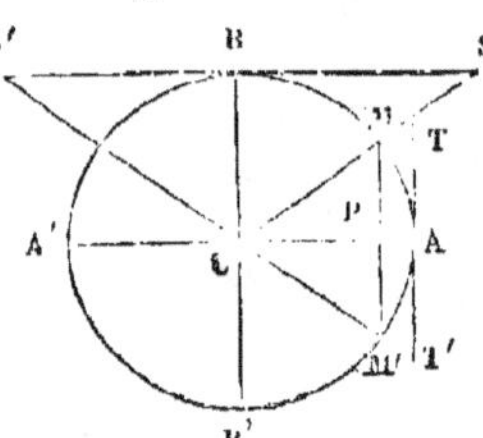

Deux arcs égaux et de signes contraires sont l'un au-dessous de AA', précisément ce que l'autre est au-dessus. L'un des arcs ayant donc son extrémité en M, l'extrémité de l'autre est au point M', symétrique de M. L'égalité des triangles MOP, M'OP ; OAT, OAT' ; OBS, OBS', montre alors que les deux arcs considérés ont, en valeur absolue, mêmes lignes trigonométriques. Quant aux signes, on voit immédiatement sur la figure, que les sinus MP, M'P, les tangentes AT, AT', les cotg. BS, BS' et les coséc. OS et OS' ont des signes contraires, tandis que le cos. OP et les sécantes OT, OT' ont même signe. On a donc les relations :

$$\sin(-x) = -\sin x ; \ \operatorname{tg}(-x) = -\operatorname{tg}x ; \ \sec(-x) = \sec x$$
$$\cos(-x) = \cos x ; \ \cot g(-x) = -\cot gx ; \ \operatorname{coséc}(-x) = -\operatorname{coséc}x.$$

REMARQUE. — Comme procédé mnémonique, on peut observer que si l'on écrit les six lignes trig. dans leur ordre : sin, tang, séc, cos, cotg, coséc, quand on passe d'un arc à l'arc égal et de signe contraire, ce sont les deux lignes du milieu, séc et cos, qui seules gardent leur signe.

Relations entre les lignes trig. de deux arcs qui diffèrent de $2\,k\pi$.

Deux arcs qui diffèrent de $2k\pi$ ou d'un nombre pair de demi-circonférences, ont mêmes extrémités, et par suite mêmes lignes trigonométriques. — On peut donc ajouter ou retrancher à un arc. un nombre pair quelconque de demi-circonférences, sans en changer les lignes trigonométriques.

Relations entre les lignes trigonométriques de deux arcs qui diffèrent de $(2k+1)\pi$.

Quand deux arcs diffèrent de $(2k+1)\pi$ ou d'un nombre impair de demi-circonférences, leurs extrémités M et M' sont en deux points diamétralement opposés. Il est facile d'en con-clure que leurs lignes trigonométriques ont même valeur absolue.

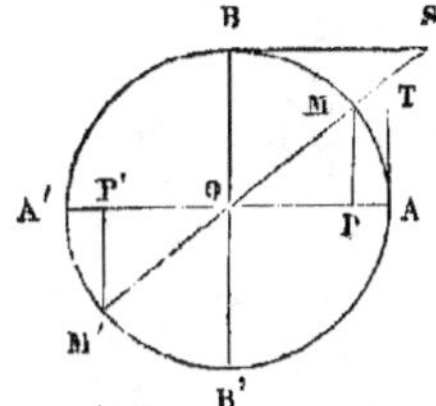

Quant aux signes, la figure ci-contre montre que les sinus MP, M'P' sont de signes contraires ; la tangente AT est commune aux deux, et par suite a le même signe de part et d'autre. La sé-cante OT est commune aux deux, mais pour l'un elle est comptée dans le sens même de OM, tandis que pour l'autre elle est comptée à l'opposé de OM'. Elle a donc des signes contraires. Les cos OP et OP' sont de signes contraires. La cotang. OS commune aux deux a le même signe de part et d'autre. Enfin la coséc. OS commune aux deux, est pour l'un comptée dans la direction de OM, et pour l'autre, à l'opposé de OM'. Elle a donc des signes contraires.

Ainsi si l'on représente l'un des arcs par x, et l'autre $(2k+1)\pi+x$ par y, on peut poser :

$$\sin y = -\sin x ; \quad \operatorname{tg} y = \operatorname{tg} x; \quad \sec y = -\sec x$$
$$\cos y = -\cos x ; \quad \operatorname{cotg} y = \operatorname{cotg} x; \quad \operatorname{coséc} y = -\operatorname{coséc} x.$$

REMARQUE. — Si l'on écrit les 6 lignes trigonométriques dans leur ordre : sin, tang, séc, cos, cotg, coséc, les seules lignes qui conservent leur signe quand on passe de l'arc x, à l'arc $(2k+1)\pi+x$, sont les deux intermédiaires tang. et cotang.

Relations entre les lignes trigonométriques de deux arcs sup-plémentaires.

On appelle supplément d'un arc x, la différence $\pi-x$, entre cet arc et une demi-circonférence. Si l'on désigne ce supplé-ment par y, on a $y=\pi-x$, et par suite $x=\pi-y$. On voit donc que réciproquement x est le supplément de y.

Les relations entre les lignes trigonométriques des arcs sup-plémentaires se déduisent des relations entre les lignes trigo-nométriques de deux arcs qui diffèrent de $(2k+1)$, et de celles de deux arcs égaux et de signes contraires.

En remarquant en effet, que quand deux arcs diffèrent d'un nombre impair de fois π, leurs sinus sont égaux et de signes contraires, on a d'abord : $\sin(\pi-x)=-\sin(-x)$.

Si l'on observe ensuite que deux arcs égaux et de signes contraires, ont leurs sinus égaux et de signes contraires, on a $\sin(-x) = -\sin x$, et par conséquent

$$\sin(\pi - x) = \sin x.$$

Deux arcs suppl. ont donc leurs sin. égaux et de même signe.

On trouve par des considérations analogues :

$$\operatorname{tg}(\pi - x) = \operatorname{tg}(-x) = -\operatorname{tg} x.$$
$$\sec(\pi - x) = -\sec(-x) = -\sec x.$$
$$\cos(\pi - x) = -\cos(-x) = -\cos x.$$
$$\operatorname{cotg}(\pi - x) = \operatorname{cotg}(-x) = -\operatorname{cotg} x.$$
$$\operatorname{coséc}(\pi - x) = -\operatorname{coséc}(-x) = \operatorname{coséc} x.$$

REMARQUE I. — Si l'on écrit les 6 lignes trigonométriques dans leur ordre : sin, tg, séc, cos, cotg, coséc, les seules lignes qui gardent leur signe quand on passe d'un arc à l'arc supplémentaire, sont les deux lignes extrêmes, sinus et cosécante.

REMARQUE II. — Les formules qui précèdent permettent de *ramener un arc quelconque au 1er quadrant*, c'est-à-dire de *trouver les lignes trigonométriques de cet arc, connaissant celles des arcs du 1er quadrant.*

Soit proposé par exemple de trouver $\sin 658°$.

En divisant 658 par 180 on trouve pour quotient 3 et pour reste 118. Comme les arcs qui diffèrent d'un nombre impair de demi-circonférences ont des sinus égaux et de signes contraires, on a

$$\sin 658° = -\sin 118°.$$

L'arc de 118° auquel nous sommes ramenés, étant $> 90°$, nous cherchons son supplément $180° - 118°$, ou 62°. Comme les arcs supplémentaires ont des sinus égaux et de même signe, nous avons finalement

$$\sin 658° = -\sin 62°.$$

Même marche pour toutes les questions du même genre.

Des arcs qui répondent à une même ligne trigonométrique.

Quand un arc est déterminé, ses lignes trigonométriques le sont elles-mêmes. Mais la réciproque n'est pas complétement vraie. La connaissance d'une ligne trigonométrique d'un arc détermine en effet deux points de la circonférence où cet arc doit être terminé ; mais à ces deux points aboutissent en réalité une infinité d'arcs.

1° Proposons-nous d'établir, par exemple, la formule des *arcs qui répondent à un sinus donné*. Supposons pour fixer les idées ce sinus positif, et portons-le en OC sur le rayon OB. Si

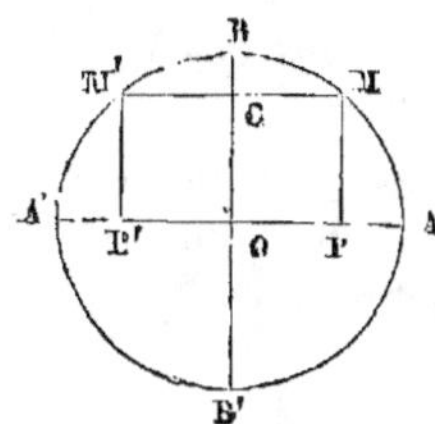

par le point C nous menons MM′ parallèle à AA′, tous les arcs terminés en M et M′, auront leurs sinus égaux à OC et de même signe, et réciproquement. Or soit désigné par α le plus petit des arcs positifs terminés en M, (arc dont la valeur sera donnée par les tables trigonométriques) ; les arcs positifs terminés en ce même point M, seront égaux au premier augmenté d'un nombre quelconque de circonférences. Ils seront donc égaux respectivement à

$$\alpha,\ 2\pi+\alpha,\ 4\pi+\alpha,\ 6\pi+\alpha,\ldots$$

Les arcs négatifs terminés au même point, valent de même

$$-2\pi+\alpha,\ -4\pi+\alpha,\ -6\pi+\alpha\ldots$$

Or tous ces arcs sont compris dans la formule

$$2k\pi+\alpha,$$

où k désigne un nombre entier quelconque positif ou négatif.

De même les arcs positifs qui ont leur extrémité en M′, sont respectivement égaux à

$$\pi-\alpha,\ 3\pi-\alpha,\ 5\pi-\alpha,\ldots$$

et les arcs négatifs à

$$-\pi-\alpha,\ -3\pi-\alpha,\ -5\pi-\alpha,\ldots$$

Or ces arcs sont compris dans la formule $(2k+1)\pi-\alpha$, où k représente un nombre entier pos. ou nég. Tous les arcs qui répondent à un sinus donné sont donc fournis par la double formule

$$a=\begin{cases} 2k\pi+\alpha, \\ (2k+1)\pi-\alpha. \end{cases}$$

REMARQUE. — Cette formule est aussi celle des arcs qui répondent à une cosécante donnée.

2° Proposons-nous encore de trouver la formule des *arcs qui répondent à un cosinus donné*.

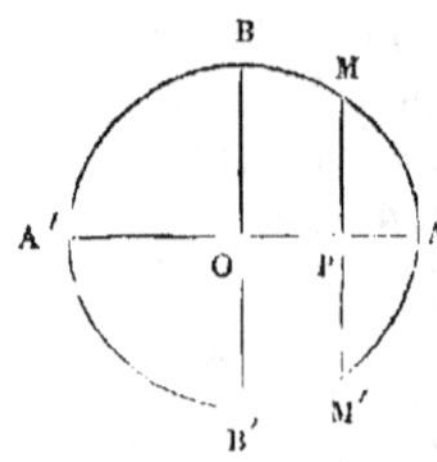

Soit OP ce cosinus que pour fixer les idées nous supposons positif. Si nous menons du point P, MM′ perpendiculaire à AA′, tous les arcs ayant pour cosinus OP, auront leur extrémité soit en M, soit en M′, et réciproquement.

Or soit α le plus petit des arcs positifs terminés en M, lequel sera donné par les tables trigonométriques. Tous les arcs positifs terminés en M seront représentés par

$$\alpha, \; 2\pi+\alpha, \; 4\pi+\alpha, \; 6\pi+\alpha,\ldots$$

et les arcs négatifs par

$$-2\pi+\alpha, \; -4\pi+\alpha, \; -6\pi+\alpha\ldots$$

Or tous ces arcs sont compris dans la formule

$$2k\pi+\alpha,$$

où k désigne un nombre entier, positif ou négatif.

De même les arcs positifs terminés en M′ sont

$$2\pi-\alpha, \; 4\pi-\alpha, \; 6\pi-\alpha,\ldots$$

et les arcs négatifs

$$-\alpha, \; -2\pi-\alpha, \; -4\pi-\alpha, \; -6\pi-\alpha,\ldots$$

et sont tous compris dans la formule $2k\pi-\alpha$, où k est comme précédemment, un nombre entier quelconque positif ou négatif. Tous les arcs qui répondent à un cosinus donné sont donc fournis par la double formule

$$a=2k\pi\pm\alpha.$$

REMARQUE. — Cette formule est aussi celle des arcs qui répondent à une sécante donnée.

3º Par des considérations analogues on fait voir que tous les *arcs qui répondent soit à une tangente, soit à une cotangente donnée*, sont compris dans la formule

$$a=m\pi+\alpha,$$

dans laquelle α représente le plus petit des arcs positifs répondant à cette tangente ou à cette cotangente, et m un nombre entier quelconque, pair ou impair, positif ou négatif.

III. — Relations entre les lignes trigonométriques d'un même arc.

RELATIONS FONDAMENTALES. — Ainsi que nous l'avons déjà vu

précédemment, la connaissance d'une ligne trigonométrique d'un arc, entraîne celle de son extrémité libre. Or les valeurs des lignes trigonométriques dépendent non de la grandeur même de l'arc, mais de la position de son extrémité. La connaissance d'une ligne trigonométrique d'un arc, entraîne donc la connaissance des cinq autres.

Il suit de là qu'il doit exister entre les 6 lignes trigonométriques d'un arc assez de relations ou d'équations, pour que l'une d'elles étant connue, on puisse calculer les valeurs de toutes les autres, c'est-à-dire cinq relations. On conçoit d'ailleurs qu'il ne peut en exister 6 distinctes, sans quoi on pourrait s'en servir pour calculer les valeurs des 6 lignes trigonométriques d'un arc, sans avoir rien qui précise la grandeur de cet arc, ce qui est absurde. — Toutes les relations existant entre les lignes trigonométriques d'un même arc doivent ainsi rentrer dans 5 d'entre elles, qu'on appelle les *relations fondamentales*. — Ces relations fondamentales s'obtiennent comme il suit :

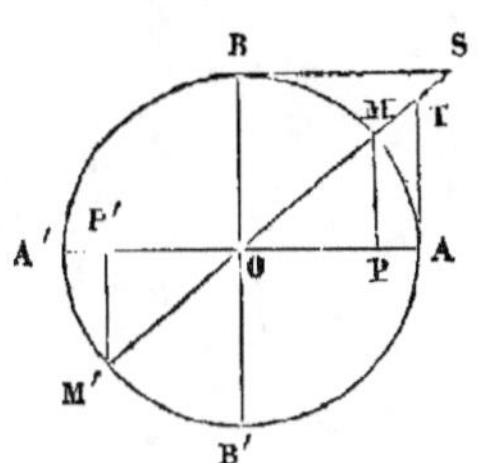

1º Soient AM ou x un arc quelconque du 1er quadrant; MP, OP son sinus et son cosinus. Le triangle rectangle OMP donne :

$$\overline{MP}^2 + \overline{OP}^2 = \overline{OM}^2.$$

Si dans cette relation on introduit les notations ordinaires, en observant que OM$=1$, il vient :

$$\sin^2 x + \cos^2 x = 1 \ldots (1).$$

2º Les triangles semblables OMP, OAT donnent :

$$\frac{AT}{MP} = \frac{OA}{OP}.$$

Si l'on introduit les notations trigonométriques, il vient :

$$\frac{\operatorname{tg} x}{\sin x} = \frac{1}{\cos x},$$

d'où :
$$\operatorname{tg} x = \frac{\sin x}{\cos x} \ldots (2).$$

3° Les mêmes triangles donnent :

$$\frac{OT}{OM} = \frac{OA}{OP}.$$

ou

$$\frac{\sec x}{1} = \frac{1}{\cos x},$$

ou enfin :

$$\sec x = \frac{1}{\cos x} \ldots (3).$$

4° Les triangles OBS, OMP sont semblables comme ayant les côtés parallèles chacun à chacun, et donnent la proportion :

$$\frac{BS}{OP} = \frac{OB}{MP}.$$

ou :

$$\frac{\cot g\, x}{\cos x} = \frac{1}{\sin x}.$$

On en tire :

$$\cot g\, x = \frac{\cos x}{\sin x} \ldots (4).$$

5° Enfin les mêmes triangles donnent :

$$\frac{OS}{OM} = \frac{OB}{MP},$$

ou

$$\frac{\cosec x}{1} = \frac{1}{\sin x},$$

d'où :

$$\cosec x = \frac{1}{\sin x} \ldots (5).$$

REMARQUE. — Les 5 formules qui précèdent sont évidemment distinctes, et ne peuvent être déduites les unes des autres, car chacune contient une ligne trigonométrique qui n'entre pas dans les précédentes.

GÉNÉRALISATION. — Ces 5 formules ont été établies pour un arc AM du 1er quadrant. Néanmoins elles sont générales. En effet, d'abord, quel que soit le quadrant où tombe l'extrémité de l'arc, les triangles OMP, OTA, OBS, peuvent toujours être construits, en sorte que les formules sont toujours vraies si l'on ne considère que les valeurs absolues des 6 lignes trigonométriques.

Elles sont toujours vraies aussi quant aux signes. En effet

d'abord, la 1re ne contenant que les carrés de sin x et de cos x, est indifférente aux signes de ces lignes. Si nous considérons la 2e,

$$\operatorname{tg} x = \frac{\sin x}{\cos x},$$

le sinus étant positif dans le 2^d quadrant et le cosinus négatif, le second membre y est négatif. Mais tg x est aussi négatif dans le 2^d quadrant, et le 1er membre est négatif. La formule (2) subsiste donc quant aux signes pour le 2^d quadrant. On vérifiera de même, soit les autres formules pour le 2^d quadrant, soit toutes les formules pour les deux autres quadrants. On peut donc les regarder comme vraies aussi bien en valeur qu'en signes, pour un arc quelconque.

FORMULES DÉDUITES. — Parmi les relations qu'on peut déduire par le calcul, des cinq relations fondamentales précédemment établies, les plus usitées sont celles qui donnent le sin, le cos, la séc, la cotg et la coséc en fonction de la tangente :

1° *Expression du cosinus en fonction de la tangente.*

On l'obtient en éliminant sin x entre les relations :

$$\sin^2 x + \cos^2 x = 1 \dots (1).$$

$$\operatorname{tg} x = \frac{\sin x}{\cos x} \dots (2).$$

De la relation (2) on tire :

$$\sin x = \cos x \, \tan g \, x,$$

et en substituant cette valeur dans la relation (1), on trouve successivement :

$$\cos^2 x \, \tan g^2 \, x + \cos^2 x = 1$$

$$\cos^2 x \, (1 + \tan g^2 x) = 1$$

$$\cos^2 x = \frac{1}{1 + \tan g^2 x}$$

et

$$\cos x = \frac{1}{\pm \sqrt{1 + \tan g^2 x}} \dots (6).$$

2° *Expression du sinus en fonction de la tangente.*

On l'obtiendrait directement en éliminant cos x entre les

relations (1) et (2). Mais il vaut mieux remarquer que la relation (2) donne

$$\sin x = \cos x \, \tang x,$$

et si l'on y substitue au lieu de cos x la valeur fournie par la relation (6), il vient immédiatement :

$$\sin x = \frac{\tang x}{\pm \sqrt{1 + \tang^2 x}} \ \dots \ (7).$$

3° *Expression de la cotangente en fonction de la tangente.*

On l'obtient en multipliant membre à membre les deux relations fondamentales :

$$\tang x = \frac{\sin x}{\cos x} \ \dots \ (2)$$

et

$$\cotg x = \frac{\cos x}{\sin x} \ \dots \ (4)$$

et il vient :

$$\tang x \, \cotang x = 1,$$

d'où :

$$\cotang x = \frac{1}{\tang x} \ \dots \ (8).$$

4° *Relation entre la sécante et la tangente.*

On l'obtient directement en éliminant sin x et cos x entre les relations (1), (2) et (3).

Mais on y arrive plus rapidement en substituant dans la relation (3),

$$\séc x = \frac{1}{\cos x},$$

au lieu de cos x, sa valeur fournie par la relation (6) ; on trouve ainsi immédiatement :

$$\séc x = \pm \sqrt{1 + \tg^2 x} \ \dots \ (9),$$

relation qui est plus usitée sous la forme :

$$\séc^2 x = 1 + \tg^2 x.$$

5° *Relation entre la cosécante et la tangente.*

Pour l'obtenir il suffit dans la relation (5)

$$\coséc x = \frac{1}{\sin x}$$

de substituer à sin x sa valeur fournie par la relation (7), et il vient immédiatement :

$$\operatorname{coséc} x = \frac{\pm \sqrt{1 + \operatorname{tg}^2 x}}{\operatorname{tg} x} \;\dots\; (10).$$

REMARQUE. — Les formules (6), (7), (8), (9) et (10), étant déduites de formules générales, sont générales elles-mêmes.

Il est facile de rendre compte du double signe que présentent la plupart d'entre elles. Si en effet AT représente la 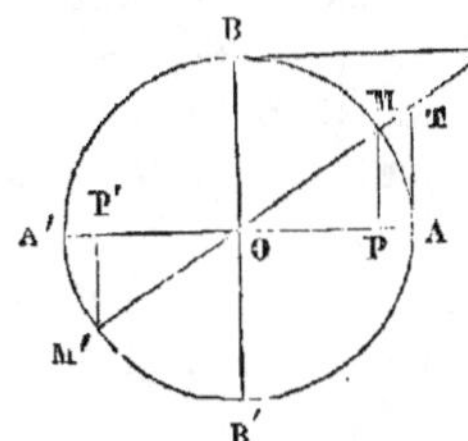 tangente donnée, les arcs qui correspondent à cette tangente sont terminés soit en M, soit en M′, et la figure montre qu'en fonction de cette tangente, sin x, cos x, séc x et coséc x ont deux valeurs égales et de signes contraires, tandis que cotang x n'a qu'une seule valeur BS.

On peut rendre compte du même fait à l'aide de formules précédemment établies.

Nous savons en effet que lorsqu'on donne tang x, l'arc x est donné par la formule

$$x = m\pi + \alpha,$$

dans laquelle m représente un nombre entier quelconque, et α le plus petit des arcs positifs qui répondent à la tangente donnée.

Par conséquent, en fonction de tang x, cos x par exemple, doit avoir toutes les valeurs comprises dans la formule

$$\cos (m\pi + \alpha).$$

Or, si m est pair, on peut retrancher $m\pi$ à l'arc sans altérer son cosinus, et cette expression se réduit à cos α.

Si au contraire m est impair, en retranchant $m\pi$ à l'arc on change le signe de son cosinus, et l'expression se réduit à —cos α.

Ainsi, en fonction de tang$x$, cos$x$ doit avoir les deux valeurs $\pm$ cos α, égales et de signes contraires.

On rend compte d'une manière analogue du double signe que présentent les formules (7), (9) et (10), et du signe unique de la formule (8).

2

IV. — Addition des Arcs.

Le problème de l'addition des arcs a pour objet, étant données certaines lignes trigonométriques de deux arcs, de trouver les lignes trigonométriques de leur somme.

1ʳᵉ Question. — *Étant donnés sin a, sin b, cos a et cos b, trouver sin* $(a+b)$ *et cos* $(a+b)$.

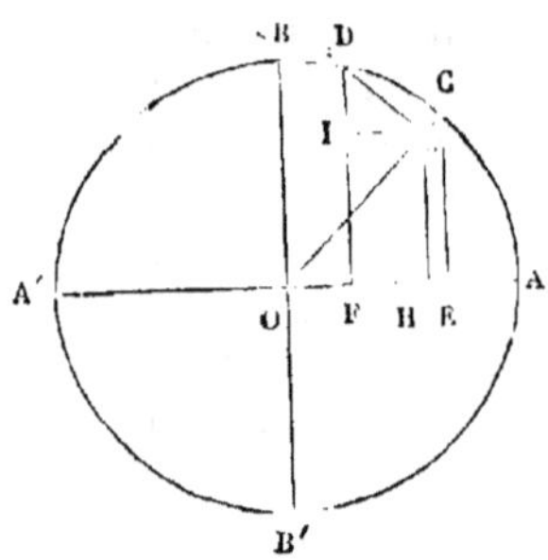

Soient AC l'arc a, CE et OE son sinus et son cosinus ; CD l'arc b, DG et OG son sinus et son cosinus. AD représentera $a+b$; son sinus DF et son cosinus OF sont les inconnues qu'il s'agit d'exprimer en fonction des données.

Or menons du point G, GH perpendiculaire et GI parallèle à AA'. Nous aurons :

$$\text{DF ou } \sin (a+b) = \text{IF} + \text{DI} = \text{GH} + \text{DI}$$

$$\text{OF ou } \cos (a+b) = \text{OH} - \text{FH} = \text{OH} - \text{GI}.$$

Nous sommes ainsi ramenés à calculer les valeurs des 4 lignes GH, DI, OH et GI.

Or d'abord les deux triangles semblables OGH, OCE donnent :

$$\frac{\text{GH}}{\text{CE}} = \frac{\text{OH}}{\text{OE}} = \frac{\text{OG}}{\text{OC}},$$

ou
$$\frac{\text{GH}}{\sin a} = \frac{\text{OH}}{\cos a} = \frac{\cos b}{1}.$$

On en tire :

$$\text{GH} = \sin a \cos b,$$

et
$$\text{OH} = \cos a \cos b.$$

De même les triangles semblables DIG, OCE donnent la proportion :

$$\frac{\text{DI}}{\text{OE}} = \frac{\text{GI}}{\text{CE}} = \frac{\text{DG}}{\text{OC}},$$

ou
$$\frac{\text{DI}}{\cos a} = \frac{\text{GI}}{\sin a} = \frac{\sin b}{1}.$$

On en tire :

$$DI = \cos a \, \sin b,$$
$$GI = \sin a \, \sin b.$$

On a donc finalement :

$$\mathrm{Sin}(a+b) = \sin a \, \cos b + \cos a \, \sin b \dots\dots (11),$$
$$\mathrm{Cos}(a+b) = \cos a \, \cos b - \sin a \, \sin b \dots\dots (12),$$

Et ces deux formules résolvent la question proposée.

GÉNÉRALISATION. Les formules précédentes sont assujetties aux restrictions de la figure qui a servi à les établir, et supposent par conséquent

$$a < \frac{\pi}{2}\,, \ b < \frac{\pi}{2}\,, \ a+b < \frac{\pi}{2}\,.$$

Or je dis d'abord qu'elles subsistent quand on a

$$a < \frac{\pi}{2}\,, \ b < \frac{\pi}{2}\,, \ \text{mais } a+b > \frac{\pi}{2}\,.$$

En effet, le sinus d'un arc étant égal au sinus de son supplément, on a :

$$\mathrm{Sin} \, (a+b) = \sin(\pi - a - b)$$
$$= \sin\left(\frac{\pi}{2} - a + \frac{\pi}{2} - b. \right)$$

Mais a et b étant deux arcs moindres que $\frac{\pi}{2}$, $\frac{\pi}{2} - a$ et $\frac{\pi}{2} - b$, sont pareillement moindres que $\frac{\pi}{2}$. D'ailleurs la somme de ces deux derniers arcs est elle-même moindre que $\frac{\pi}{2}$, puisqu'elle représente le supplément d'un arc $a+b$ plus grand que $\frac{\pi}{2}$. On peut donc développer $\sin\left(\frac{\pi}{2} - a + \frac{\pi}{2} - b \right)$ par la formule (11) précédemment établie, et l'on aura :

$$\mathrm{Sin}(a+b) = \sin\left(\frac{\pi}{2} - a \right) \cos\left(\frac{\pi}{2} - b \right) + \cos\left(\frac{\pi}{2} - a \right) \sin\left(\frac{\pi}{2} - b \right)$$
$$= \cos a \, \sin b + \sin a \, \cos b,$$
$$= \sin a \, \cos b + \cos a \, \sin b.$$

Ainsi la formule qui donne sin $(a+b)$, subsiste quand on a $a < \frac{\pi}{2}$, $b < \frac{\pi}{2}$, mais $a+b > \frac{\pi}{2}$. Même démonstration pour la formule qui donne $\cos(a+b)$. Il faut maintenant faire disparaître les restrictions $a < \frac{\pi}{2}$, $b < \frac{\pi}{2}$. — Pour y arriver nous allons faire voir que si les formules précédentes sont vraies pour deux arcs particuliers a et b, elles sont vraies encore quand augmente l'un d'eux, par exemple l'arc a, d'un quadrant.

Posons en effet :

$$a + \frac{\pi}{2} = a'.$$

En observant que le sinus d'un arc est égal au sinus de son supplément, nous aurons successivement :

$$\sin (a'+b) = \sin \left(a + \frac{\pi}{2} + b \right),$$

$$= \sin \left(\pi - a - \frac{\pi}{2} - b \right),$$

$$= \sin \left(\frac{\pi}{2} - a - b \right),$$

$$= \cos (a+b).$$

Mais par hypothèse, la formule du cosinus est applicable aux arcs a et b. On a donc :

$$\sin (a'+b) = \cos a \cos b - \sin a \sin b.$$

Or la relation $a + \frac{\pi}{2} = a'$, donne $a = a' - \frac{\pi}{2}$, et par suite :

$$\cos a = \cos \left(a' - \frac{\pi}{2} \right) = \cos \left(\frac{\pi}{2} - a' \right) = \sin a',$$

$$\sin a = \sin \left(a' - \frac{\pi}{2} \right) = - \sin \left(\frac{\pi}{2} - a' \right) = - \cos a'.$$

Donc on a finalement :

$$\sin (a'+b) = \sin a' \cos b + \cos a' \sin b.$$

Ainsi la formule qui donne le sinus de la somme de deux arcs, est applicable aux arcs a' et b. Même chose pour la formule qui donne le cosinus de cette même somme.

Il en résulte que les deux formules subsistant quand on ajoute un quadrant à l'un des deux arcs, elles subsistent encore quand de proche en proche, on ajoute à l'un et à l'autre un nombre quelconque de quadrants. Mais après suppression de la restriction $a+b < \dfrac{\pi}{2}$, ces deux formules étaient vraies pour tous les arcs du 1er quadrant : elles sont donc vraies pour tous les arcs du 1er quadrant augmentés chacun d'un nombre quelconque de quadrants; en d'autres termes, elles sont vraies pour deux arcs positifs quelconques.

Reste à faire voir qu'elles s'appliquent également à tous les arcs négatifs.

Supposons par exemple l'arc b négatif, et posons $b = -b'$. Nous aurons d'abord :
$$\sin (a+b) = \sin (a-b') = \sin (a+2k\pi-b'),$$
puisqu'on peut ajouter $2k\pi$ à un arc sans altérer son sinus. Mais $2k\pi$ étant aussi grand qu'on veut, on peut regarder $2k\pi-b'$ comme un arc positif, et $a+2k\pi-b'$ comme la somme de deux arcs positifs, auxquels par conséquent la formule (11) est applicable. — On a donc
$$\sin (a+b) = \sin a \cos (2k\pi-b') + \cos a \sin (2k\pi-b').$$
Mais
$$\cos (2k\pi-b') = \cos (-b') = \cos b$$
$$\sin (2k\pi-b') = \sin (-b') = \sin b.$$
Donc finalement :
$$\sin (a+b) = \sin a \cos b + \cos a \sin b.$$
Même démonstration si l'arc a, ou les deux arcs à la fois devenaient négatifs. Même démonstration aussi pour $\cos (a+b)$. Les deux formules précédentes sont donc complètement générales.

2e Question. — *Étant donnés tg a et tg b, trouver tg $(a+b)$.*

Partant de la relation tg $x = \dfrac{\sin x}{\cos x}$, on a successivement :

$$\text{tg } (a+b) = \frac{\sin (a+b)}{\cos (a+b)},$$

$$= \frac{\sin a \cos b + \cos a \sin b}{\cos a \cos b - \sin a \sin b},$$

et en divisant haut et bas par $\cos a \cos b$.

$$= \cfrac{\dfrac{\sin a \cos b}{\cos a \cos b} + \dfrac{\cos a \sin b}{\cos a \cos b}}{\dfrac{\cos a \cos b}{\cos a \cos b} - \dfrac{\sin a \sin b}{\cos a \cos b}}$$

$$= \frac{\operatorname{tg} a + \operatorname{tg} b}{1 - \operatorname{tg} a \operatorname{tg} b} \dots (13),$$

et cette dernière formule résout la question proposée.

3ᵉ QUESTION. — *Trouver* $\operatorname{tg}(a+b+c)$ *en fonction de* $\operatorname{tg} a$, $\operatorname{tg} b$ *et* $\operatorname{tg} c$.

Si pour un instant nous considérons la somme $(a+b)$ comme effectuée, nous aurons, en vertu de la formule (13) précédemment établie :

$$\operatorname{tg}(a+b+c) = \frac{\operatorname{tg}(a+b) + \operatorname{tg} c}{1 - \operatorname{tg}(a+b)\operatorname{tg} c}.$$

Remplaçons maintenant au 2ᵈ membre de cette égalité, $\operatorname{tg}(a+b)$ par sa valeur $\dfrac{\operatorname{tg} a + \operatorname{tg} b}{1 - \operatorname{tg} a \operatorname{tg} b}$, il viendra :

$$\operatorname{tg}(a+b+c) = \cfrac{\dfrac{\operatorname{tg} a + \operatorname{tg} b}{1 - \operatorname{tg} a \operatorname{tg} b} + \operatorname{tg} c}{1 - \dfrac{\operatorname{tg} a + \operatorname{tg} b}{1 - \operatorname{tg} a \operatorname{tg} b} \operatorname{tg} c}$$

Or, si nous multiplions le numérateur et le dénominateur du 2ᵈ membre par $1 - \operatorname{tg} a \operatorname{tg} b$, afin de les ramener à la forme entière, nous trouvons finalement :

$$\operatorname{tg}(a+b+c) = \frac{\operatorname{tg} a + \operatorname{tg} b + (1 - \operatorname{tg} a \operatorname{tg} b)\operatorname{tg} c}{1 - \operatorname{tg} a \operatorname{tg} b - (\operatorname{tg} a + \operatorname{tg} b)\operatorname{tg} c}$$

$$= \frac{\operatorname{tg} a + \operatorname{tg} b + \operatorname{tg} c - \operatorname{tg} a \operatorname{tg} b \operatorname{tg} c}{1 - \operatorname{tg} a \operatorname{tg} b - \operatorname{tg} a \operatorname{tg} c - \operatorname{tg} b \operatorname{tg} c} \dots (13^{\text{bis}}).$$

— On trouve d'une manière analogue $\operatorname{tg}(a+b+c+d)$ en fonction de $\operatorname{tg} a$, $\operatorname{tg} b$, $\operatorname{tg} c$, $\operatorname{tg} d$; etc.

V. — Soustraction des Arcs.

Elle a pour objet, étant données certaines lignes trigonométriques de deux arcs, de trouver les lignes trigonométriques de leur différence.

1re QUESTION. — *Etant donnés sin a, sin b, cos a et cos b, trouver sin (a—b) et cos (a—b).*

La différence $a-b$ peut s'écrire $a+(-b)$. On a donc, en vertu des formules d'addition :

$$\sin (a-b) = \sin a \, \cos (-b) + \cos a \, \sin (-b)$$

$$\cos (a-b) = \cos a \, \cos (-b) - \sin a \, \sin (-b).$$

Mais

$$\cos (-b) = \cos b$$

$$\sin (-b) = -\sin b.$$

Donc finalement :

$$\sin (a-b) = \sin a \, \cos b - \cos a \, \sin b \ \ldots\ (14)$$

$$\cos (a-b) = \cos a \, \cos b + \sin a \, \sin b \ \ldots\ (15).$$

2e QUESTION. — *Etant donnés tg a et tg b, trouver tg (a—b.)*

Un calcul analogue à celui que nous avons fait pour tg $(a+b)$ donne :

$$\operatorname{tg} (a-b) = \frac{\operatorname{tg} a - \operatorname{tg} b}{1 + \operatorname{tg} a \operatorname{tg} b} \ \ldots\ (16).$$

IV. — Multiplication des Arcs.

Les formules de multiplication des arcs ont pour objet, étant connues certaines lignes trigonométriques d'un arc, de faire connaître les lignes trigonométriques de son double ou plus généralement d'un quelconque de ses multiples.

1re QUESTION. — *Etant donnés sin a et cos a, trouver sin2a et cos2a.*

On part des formules d'addition

$$\sin(a+b) = \sin a \, \cos b + \cos a \, \sin b$$

$$\cos(a+b) = \cos a \, \cos b - \sin a \, \sin b,$$

dans lesquelles on fait $b=a$, et il vient :

$$\sin 2a = 2\sin a \cos a \dots\dots (17)$$

$$\cos 2a = \cos^2 a - \sin^2 a \dots (18).$$

2ᵉ Question. — *Exprimer cos2a au moyen de sin a seul, ou de cos a.*

Il suffit d'éliminer soit $\cos a$, soit $\sin a$ de la relation (18), à l'aide de la relation fondamentale.

$$\sin^2 a + \cos^2 a = 1.$$

Si l'on renverse cette dernière, comme il suit :

$$1 = \cos^2 a + \sin^2 a,$$

et qu'on ajoute et retranche successivement membre à membre cette relation et la relation précédemment établie

$$\cos 2a = \cos^2 a - \sin^2 a,$$

il vient

$$1 + \cos 2a = 2\cos^2 a,$$

d'où :

$$\cos 2a = 2\cos^2 a - 1 \dots\dots (19),$$

et

$$1 - \cos 2a = 2\sin^2 a,$$

d'où :

$$\cos 2a = 1 - 2\sin^2 a \dots\dots (20).$$

3ᵉ Question. — *Connaissant tang a, trouver tang 2a.*

On prend la formule d'addition pour les tangentes savoir :

$$\tan (a+b) = \frac{\tan a + \tan b}{1 - \tan a \, \tan b},$$

dans laquelle on fait $b=a$, et il vient :

$$\tan 2a = \frac{2\tan a}{1 - \tan^2 a} \dots\dots (21)$$

4ᵉ Question. — *Trouver tg 3a en fonction de tg a.*

On part de la formule d'addition

$$\operatorname{tg}(a+b+c) = \frac{\operatorname{tg} a + \operatorname{tg} b + \operatorname{tg} c - \operatorname{tg} a \operatorname{tg} b \operatorname{tg} c}{1 - \operatorname{tg} a \operatorname{tg} b - \operatorname{tg} a \operatorname{tg} c - \operatorname{tg} b \operatorname{tg} c},$$

dans laquelle on fait $a=b=c$. Il vient ainsi :

$$\operatorname{tg} 3a = \frac{3\operatorname{tg} a - \operatorname{tg}^3 a}{1 - 3\operatorname{tg}^2 a} \dots\dots (21 \text{ } bis).$$

— On arrive à la même formule en prenant la formule :

$$\operatorname{tg}(a+b) = \frac{\operatorname{tg} a + \operatorname{tg} b}{1 - \operatorname{tg} a \operatorname{tg} b},$$

dans laquelle on change b en $2a$. Il vient ainsi :

$$\operatorname{tg} 3a = \frac{\operatorname{tg} a + \operatorname{tg} 2a}{1 - \operatorname{tg} a \,\operatorname{tg} 2a} = \frac{\operatorname{tg} a + \dfrac{2\operatorname{tg} a}{1 - \operatorname{tg}^2 a}}{1 - \operatorname{tg} a \cdot \dfrac{2\operatorname{tg} a}{1 - \operatorname{tg}^2 a}}$$

$$= \frac{\operatorname{tg} a\,(1 - \operatorname{tg}^2 a) + 2\operatorname{tg} a}{1 - \operatorname{tg}^2 a - \operatorname{tg} a \cdot 2\operatorname{tg} a} = \frac{3\operatorname{tg} a - \operatorname{tg}^3 a}{1 - 3\operatorname{tg}^2 a}$$

5e QUESTION. — *Formules de Simpson.* — Ces formules servent, étant donnés les sinus ou les cosinus de deux multiples consécutifs d'un arc a, à trouver le sinus ou le cosinus du multiple suivant.

Pour établir la 1re, on part des formules d'addition et de soustraction :

$$\sin (a+b) = \sin a \, \cos b + \cos a \, \sin b$$

$$\sin (a-b) = \sin a \, \cos b - \cos a \, \sin b,$$

que l'on ajoute membre à membre, ce qui donne :

$$\sin (a+b) + \sin (a-b) = 2\sin a \, \cos b.$$

Or, les arcs a et b étant quelconques, cette dernière formule subsistera si l'on y remplace

$$a \text{ par } (m+1)\,a$$

et

$$b \text{ par } a.$$

Il viendra alors :

$$\sin (m+2)a + \sin ma = 2\sin (m+1)a \, \cos a,$$

d'où :

$$\sin (m+2)a = 2\sin (m+1)a \, \cos a - \sin ma \quad \ldots\ldots \ (22).$$

— De même, si l'on part des formules

$$\cos (a+b) = \cos a \, \cos b - \sin a \, \sin b$$

$$\cos (a-b) = \cos a \, \cos b + \sin a \, \sin b,$$

et qu'on les ajoute membre à membre, il vient :

$$\cos (a+b) + \cos (a-b) = 2\cos a \, \cos b \,;$$

Et en y remplaçant

$$a \text{ par } (m+1)\, a$$

et
$$b \text{ par } a,$$

on trouve :

$$\cos (m+2)a + \cos ma = 2 \cos (m+1)a \cos a,$$

d'où :

$$\cos (m+2)a = 2\cos (m+1)a \cos a - \cos ma \dots\dots (23).$$

Les formules (22) et (23) résolvent le problème proposé.

Application des formules de Simpson. — Si dans les formules précédentes on fait $m=0$, elles donnent :

$$\sin 2a = 2\sin a \cos a,$$
$$\cos 2a = 2\cos^2 a - 1,$$

résultats déjà obtenus directement.

Si dans les mêmes formules on fait $m=1$, il vient :

$$\sin 3a = 2\sin 2a \cos a - \sin a$$
$$= 2 .\ 2\sin a \cos a .\ \cos a - \sin a$$
$$= 4\sin a \cos^2 a - \sin a$$
$$= 4\sin a\ (1 - \sin^2 a) - \sin a$$
$$= 3\sin a - 4\sin^3 a. \quad \dots\dots\dots (24).$$

De même :

$$\cos 3a = 2\cos 2a \cos a - \cos a$$
$$= 2\ (2\cos^2 a - 1) \cos a - \cos a$$
$$= 4\cos^3 a - 3\cos a \quad \dots\dots\dots (25).$$

En continuant de même, on obtiendrait de proche en proche les valeurs de $\cos 4a$, $\cos 5a$,..... en fonction de $\cos a$, et celles de $\sin 4a$, $\sin 5a$,.... en fonction de $\sin a$.

VII. — Division des Arcs.

La division des arcs a pour objet, étant données certaines lignes trigonométriques d'un arc, de trouver les lignes trigon. de sa moitié, ou plus généralement d'un quelconque de ses sous-multiples.

1re QUESTION. — *Exprimer* $\sin \dfrac{a}{2}$ *ou* $\cos \dfrac{a}{2}$ *en fonction de* *cos a.*

1° La formule de multiplication précédemment établie :

$$\cos 2a = 1 - 2\sin^2 a$$

est générale ; elle est donc vraie aussi bien pour l'arc $\dfrac{a}{2}$ que pour l'arc a lui-même. Or, par le changement de a en $\dfrac{a}{2}$ elle devient :

$$\cos a = 1 - 2\sin^2 \dfrac{a}{2}.$$

On en tire alors :

$$2\sin^2 \dfrac{a}{2} = 1 - \cos a$$

$$\sin^2 \dfrac{a}{2} = \dfrac{1 - \cos a}{2}$$

et

$$\sin \dfrac{a}{2} = \pm \sqrt{\dfrac{1 - \cos a}{2}} \ \ldots\ldots (26).$$

2° De même si dans la formule

$$\cos 2a = 2\cos^2 a - 1,$$

on change a en $\dfrac{a}{2}$, il vient :

$$\cos a = 2\cos^2 \dfrac{a}{2} - 1,$$

et par suite :

$$2\cos^2 \dfrac{a}{2} = 1 + \cos a,$$

$$\cos^2 \dfrac{a}{2} = \dfrac{1 + \cos a}{2},$$

$$\cos \dfrac{a}{2} = \pm \sqrt{\dfrac{1 + \cos a}{2}} \ \ldots\ldots (27).$$

Remarque i. — On peut aisément rendre compte du double signe $\pm$ que présentent soit la valeur de $\sin \dfrac{a}{2}$, soit celle de $\cos \dfrac{a}{2}$ en fonction de $\cos a$,

Nous savons en effet que les arcs qui répondent à un cosinus donné sont fournis par la formule

$$a = 2k\pi \pm \alpha.$$

On en tire

$$\frac{a}{2} = k\pi \pm \frac{\alpha}{2},$$

et par suite :

$$\cos \frac{a}{2} = \cos\left(k\pi \pm \frac{\alpha}{2}\right).$$

Or si k est pair, on peut enlever $k\pi$ à l'arc sans changer la valeur du cosinus, et l'on a :

$$\cos \frac{a}{2} = \cos\left(\pm \frac{\alpha}{2}\right) = \cos \frac{\alpha}{2}.$$

Si au contraire k est impair, en enlevant $k\pi$ à l'arc on change le signe de son cosinus. Donc dans ce cas

$$\cos \frac{a}{2} = -\cos\left(\pm \frac{\alpha}{2}\right) = -\cos \frac{\alpha}{2}.$$

On voit donc qu'en fonction de $\cos a$, $\cos \dfrac{a}{2}$ a deux valeurs égales et de signes contraires $\cos \dfrac{\alpha}{2}$, et $-\cos \dfrac{\alpha}{2}$.

On justifie d'une manière analogue le double signe que présente la valeur de $\sin \dfrac{a}{2}$ en fonction de $\cos a$.

— On aurait pu arriver au même résultat à l'aide d'une figure.

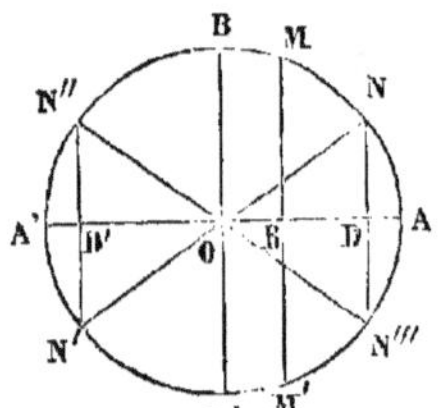

Soit en effet OR le cosinus donné que pour fixer les idées nous supposerons positif. Les arcs qui répondent à ce cosinus sont terminés en M et en M'.

Or le premier des arcs positifs terminés en M est AM dont la moitié est AN. Le second est AM$+2\pi$; sa moitié est AN$+\pi$, et a son extrémité en N', point diamétralement opposé de N. Le troisième est AM$+4\pi$; sa moitié est AN$+2\pi$, et a son extrémité en N. — En continuant, on voit.

que les moitiés des arcs positifs terminés en M, sont terminées en N ou en N′.

De même le premier des arcs positifs terminés en M′ est ABA′B′M′ ou $2\pi - $AM′, ou enfin $2\pi - $AM. Sa moitié est $\pi - $AN et se termine au point N″ symétrique de N′. Le 2ᵉ est égal au 1ᵉʳ augmenté d'une circonférence : sa moitié est donc égale à AN″ plus une demi-circonférence et a son extrémité en N‴ point diamétralement opposé de N″. En continuant, on reconnaît que tous les arcs positifs terminés en M′ ont leurs moitiés terminées en N″ ou N‴.

Quant aux arcs négatifs terminés soit en M, soit en M′, ils sont symétriques par rapport à AA′, des arcs positifs terminés en M′ ou en M, et leurs moitiés ont par suite leurs extrémités en N, en N′, en N″ ou en N‴.

Ainsi la valeur de $\cos\dfrac{a}{2}$ est susceptible de deux valeurs égales et de signes contraires OD et OD′.

La même figure montre que $\sin\dfrac{a}{2}$, en fonction de $\cos a$, a également deux valeurs égales et de signes contraires, savoir : ND ou N″D′, et N‴D ou N′D′.

Au reste, dans la pratique, on saura toujours laquelle de ces deux valeurs on doit choisir, soit pour $\cos\dfrac{a}{2}$, soit pour $\sin\dfrac{a}{2}$; car le nombre de degrés de a étant supposé connu, on sait, à priori, dans quel quadrant tombe sa moitié; on sait par suite si son sinus ou son cosinus a une valeur positive ou négative.

Remarque II. — Si l'on divise membre à membre les formules (26) et (27), on trouve

$$\operatorname{tg}\frac{a}{2} = \pm\sqrt{\frac{1-\cos a}{1+\cos a}}\ldots\ldots\ (27\,^{\text{bis}}),$$

et cette formule, souvent employée, donne la valeur de $\operatorname{tg}\dfrac{a}{2}$ en fonction de $\cos a$.

2ᵉ Question. — *Étant donné sin a, trouver* $\cos\dfrac{a}{2}$ *et* $\sin\dfrac{a}{2}$.

D'abord on peut déduire les formules qui résolvent cette question, des formules

$$\cos \frac{a}{2} = \pm \sqrt{\frac{1 + \cos a}{2}},$$

$$\sin \frac{a}{2} = \pm \sqrt{\frac{1 - \cos a}{2}},$$

précédemment établies.

La formule fondamentale

$$\sin^2 a + \cos^2 a = 1$$

donne en effet

$$\cos a = \pm \sqrt{1 - \sin^2 a},$$

et l'on a par suite :

$$\cos \frac{a}{2} = \pm \sqrt{\frac{1 \pm \sqrt{1 - \sin^2 a}}{2}} \dots (28),$$

et

$$\sin \frac{a}{2} = \pm \sqrt{\frac{1 \mp \sqrt{1 - \sin^2 a}}{2}} \dots (29).$$

Mais on peut résoudre la même question directement.

On a en effet les deux relations

$$\cos^2 a + \sin^2 a = 1,$$

et

$$2\sin a \cos a = \sin 2a.$$

Si l'on y change a en $\dfrac{a}{2}$ elles deviennent :

$$\cos^2 \frac{a}{2} + \sin^2 \frac{a}{2} = 1.$$

$$2\sin \frac{a}{2} \cos \frac{a}{2} = \sin a,$$

et l'on a ainsi deux équations dont les inconnues sont $\cos \dfrac{a}{2}$ et $\sin \dfrac{a}{2}$. En les ajoutant membre à membre on trouve successivement :

$$\cos^2 \frac{a}{2} + \sin^2 \frac{a}{2} + 2\sin \frac{a}{2} \cos \frac{a}{2} = 1 + \sin a,$$

$$\left(\cos \frac{a}{2} + \sin \frac{a}{2} \right)^2 = 1 + \sin a,$$

$$\cos \frac{a}{2} + \sin \frac{a}{2} = \pm \sqrt{1 + \sin a}.$$

De même si on les retranche membre à membre, on a :

$$\cos^2 \frac{a}{2} + \sin^2 \frac{a}{2} - 2\sin \frac{a}{2} \cos \frac{a}{2} = 1 - \sin a,$$

$$\left(\cos \frac{a}{2} - \sin \frac{a}{2} \right)^2 = 1 - \sin a,$$

$$\cos \frac{a}{2} - \sin \frac{a}{2} = \pm \sqrt{1 - \sin a}.$$

Si maintenant on ajoute membre à membre les deux équations résultantes, il vient :

$$2\cos \frac{a}{2} = \pm \sqrt{1 + \sin a} \pm \sqrt{1 - \sin a}$$

et $\quad \cos \frac{a}{2} = \pm \frac{1}{2} \sqrt{1 + \sin a} \pm \frac{1}{2} \sqrt{1 - \sin a} \;\ldots. (30).$

En les retranchant et divisant par 2 la relation résultante, on a de même :

$$\sin \frac{a}{2} = \pm \frac{1}{2} \sqrt{1 + \sin a} \mp \frac{1}{2} \sqrt{1 - \sin a} \;\ldots\ldots (31).$$

Les formules (30) et (31) résolvent la question proposée.

— A propos de ces formules, on peut faire plusieurs remarques importantes :

La première, c'est que, de prime abord, les formules (30) et (31) ne paraissent pas identiques aux formules (28) et (29) qui résolvent le même problème. Cette différence n'est qu'apparente : élevons en effet au carré la valeur de $\cos \frac{a}{2}$ donnée par la formule (30), il vient :

$$\cos^2 \frac{a}{2} = \frac{1 + \sin a}{4} + \frac{1 - \sin a}{4} \pm \frac{2\sqrt{(1 - \sin^2 a)}}{4}$$

$$= \frac{1 \pm \sqrt{1 - \sin^2 a}}{2}$$

et par suite :

$$\cos \frac{a}{2} = \pm \sqrt{\frac{1 \pm \sqrt{1 - \sin^2 a}}{2}}.$$

Nous retombons de la sorte sur la formule (28).

On ferait voir de même que la formule (31) est identique à la formule (29). Au reste, l'algèbre fournit des procédés généraux pour transformer les expressions composées de deux radicaux superposés, en d'autres formées de deux radicaux séparés, et permet par conséquent de ramener par une transformation inverse, les formules (28) et (29) aux formules (30) et (31).

Une autre observation à faire sur les formules précédentes, c'est qu'elles donnent, soit pour $\cos \frac{a}{2}$, soit pour $\sin \frac{a}{2}$, quatre valeurs égales deux à deux et de signes contraires ; c'est d'autre part, et indépendamment de l'ordre dans lequel il faut les prendre, que les valeurs de $\cos \frac{a}{2}$ sont identiques à celles de $\sin \frac{a}{2}$. On peut aisément rendre compte de ce double fait.

Effectivement, nous savons que tous les arcs donnés par leur sinus, sont fournis par la double formule :

$$a = \begin{cases} 2k\pi + a \\ (2k+1)\,\pi - a. \end{cases}$$

On a donc :

$$\frac{a}{2} = \begin{cases} k\pi + \dfrac{a}{2} \\ k\pi + \dfrac{\pi}{2} - \dfrac{a}{2}, \end{cases}$$

et par conséquent :

$$\sin \frac{a}{2} = \begin{cases} \sin\left(k\pi + \dfrac{a}{2}\right) \\ \sin\left(k\pi + \dfrac{\pi}{2} - \dfrac{a}{2}\right). \end{cases}$$

Or considérons d'abord la 1re valeur de $\sin \dfrac{a}{2}$,

$$\sin \frac{a}{2} = \sin\left(k\pi + \frac{\alpha}{2}\right).$$

Si k est pair, on peut supprimer $k\pi$ sans altérer le sinus, et il reste :

$$\sin \frac{a}{2} = \sin \frac{\alpha}{2}.$$

Si k est impair, la suppression de $k\pi$ change le signe du sinus, et il vient :

$$\sin \frac{a}{2} = -\sin \frac{\alpha}{2}.$$

De même la 2e valeur

$$\sin \frac{a}{2} = \sin\left(k\pi + \frac{\pi}{2} - \frac{\alpha}{2}\right),$$

dans l'hypothèse de k pair, donne :

$$\sin \frac{a}{2} = \sin\left(\frac{\pi}{2} - \frac{\alpha}{2}\right) = \cos \frac{\alpha}{2},$$

et dans l'hypothèse de k impair,

$$\sin \frac{a}{2} = -\sin\left(\frac{\pi}{2} - \frac{\alpha}{2}\right) = -\cos \frac{\alpha}{2}.$$

On voit donc qu'en fonction de $\sin a$, $\sin \dfrac{a}{2}$ doit avoir les quatre valeurs $\pm \sin \dfrac{\alpha}{2}$ et $\pm \cos \dfrac{\alpha}{2}$. Cela justifie d'un seul coup notre double remarque.

Même chose pour la formule qui donne $\cos \dfrac{a}{2}$.

— Reste à savoir comment dans chaque cas particulier on choisira la valeur convenable de $\cos \dfrac{a}{2}$ ou de $\sin \dfrac{a}{2}$.

Or d'abord dans chaque cas, on connaît la graduation de l'arc a et par suite celle de $\dfrac{a}{2}$; on sait donc à priori si l'on doit prendre pour $\sin \dfrac{a}{2}$ ou $\cos \dfrac{a}{2}$, une valeur positive ou une valeur négative, et l'on est ramené à choisir entre deux valeurs seulement. Pour y arriver nous observerons que la plus grande des valeurs absolues de $\sin \dfrac{a}{2}$ ou de $\cos \dfrac{a}{2}$, savoir :

$$\frac{1}{2}\sqrt{1+\sin a} + \frac{1}{2}\sqrt{1-\sin a},$$

est plus grande que $\dfrac{\sqrt{2}}{2}$. En effet pour qu'on ait :

$$\frac{1}{2}\sqrt{1+\sin a} + \frac{1}{2}\sqrt{1-\sin a} > \frac{\sqrt{2}}{2},$$

il suffit, en élevant les deux membres au carré, qu'on ait :

$$\frac{1+\sin a+1-\sin a+2\sqrt{1-\sin^2 a}}{4} > \frac{1}{2},$$

ou
$$1+\sqrt{1-\sin^2 a} > 1,$$

ce qui est évident.

On démontre identiquement de même que la plus petite des valeurs absolues de $\sin \dfrac{a}{2}$ ou $\cos \dfrac{a}{2}$, savoir :

$$\frac{1}{2}\sqrt{1+\sin a} - \frac{1}{2}\sqrt{1-\sin a},$$

est moindre que $\dfrac{\sqrt{2}}{2}$.

Or $\dfrac{\sqrt{2}}{2}$ représente en valeur absolue, le sinus et le cosinus des arcs terminés au milieu d'un quelconque des quatre quadrants. Sachant donc à priori, par le nombre de degrés de $\dfrac{a}{2}$, dans quel demi-quadrant tombe cet arc, on saura toujours s'il faut prendre pour $\sin \dfrac{a}{2}$ ou $\cos \dfrac{a}{2}$, la plus grande ou la plus petite des valeurs absolues qu'on peut leur attribuer.

3e QUESTION. — *Etant donnée* $tg\, a$, *trouver* $\tang \dfrac{a}{2}$.

On a :

$$\operatorname{tg} 2a = \frac{2\tang a}{1-\operatorname{tg}^2 a}.$$

Si dans cette formule on change a en $\dfrac{a}{2}$, il vient :

$$\operatorname{tg} a = \frac{2 \operatorname{tg} \dfrac{a}{2}}{1 - \operatorname{tg}^2 \dfrac{a}{2}}.$$

Or, posons pour plus de commodité

$$\operatorname{tg} a = m$$

$$\operatorname{tg} \frac{a}{2} = x.$$

L'équation précédente prendra la forme :

$$m = \frac{2x}{1 - x^2},$$

ou

$$m - mx^2 = 2x$$

ou enfin :

$$mx^2 + 2x - m = 0.$$

On en tire :

$$x = \frac{-1 \pm \sqrt{1 + m^2}}{m},$$

ou, en remettant les notations trigonométriques :

$$\operatorname{tg} \frac{a}{2} = \frac{-1 \pm \sqrt{1 + \operatorname{tg}^2 a}}{\operatorname{tg} a} \quad \cdots\cdots\cdots\cdots (32).$$

REMARQUE. — Les deux valeurs de $\operatorname{tang} \dfrac{a}{2}$ en fonction de $\operatorname{tang} a$, que nous venons d'obtenir, sont réciproques et de signes contraires, car elles sont les racines de l'équation

$$mx^2 + 2x - m = 0,$$

et ont par conséquent pour produit $-\dfrac{m}{m}$, ou -1.

Il est facile de rendre compte de ce fait.

Effectivement, quand $\operatorname{tg} a$ est donné, nous savons que l'arc a est fourni par la formule

$$a = k\pi + \alpha.$$

On a donc :

$$\frac{a}{2} = \frac{k\pi}{2} + \frac{\alpha}{2}$$

et
$$\tan \frac{a}{2} = \operatorname{tg}\left(\frac{k\pi}{2} + \frac{\alpha}{2}\right).$$

Or si k est pair et représenté par exemple par $2k'$, on a

$$\operatorname{tg}\frac{a}{2} = \operatorname{tg}\left(k'\pi + \frac{\alpha}{2}\right) = \operatorname{tg}\frac{\alpha}{2}.$$

Si au contraire k est impair et représenté par $2k'+1$, on a

$$\operatorname{tg}\frac{a}{2} = \operatorname{tg}\left(k'\pi + \frac{\pi}{2} + \frac{\alpha}{2}\right),$$
$$= \operatorname{tg}\left(\frac{\pi}{2} + \frac{\alpha}{2}\right),$$
$$= -\operatorname{tg}\left(\frac{\pi}{2} - \frac{\alpha}{2}\right),$$
$$= -\cot\frac{\alpha}{2}.$$

Ainsi les deux valeurs dont $\operatorname{tg}\dfrac{a}{2}$ est susceptible, sont égales à $\operatorname{tg}\dfrac{\alpha}{2}$ et $-\cot\dfrac{\alpha}{2}$, et leur produit est $-\operatorname{tg}\dfrac{\alpha}{2}\cot\dfrac{\alpha}{2}$, ou -1.

— Quant au choix de celle de ces deux valeurs qui convient à chaque cas particulier, il ne présente aucune difficulté, car connaissant le nombre de degrés de $\dfrac{a}{2}$, on sait toujours à priori si sa tangente est positive ou négative.

4e QUESTION. — *Etant donné* $\sin a$, *trouver* $\sin \dfrac{a}{3}$.

Nous avons établi antérieurement la formule
$$\sin 3a = 3\sin a - 4\sin^3 a.$$

En y changeant a en $\dfrac{a}{3}$, on trouve :

$$\sin a = 3\sin\frac{a}{3} - 4\sin^3\frac{a}{3},$$

ou en posant pour abréger $\sin a = m$ et $\sin \dfrac{a}{3} = x$,

$$m = 3x - 4x^3,$$

ou

$$4x^3 - 3x + m = 0 \dots [1].$$

Cette équation étant du 3e degré, ne peut être résolue par les procédés élémentaires. Mais nous pouvons faire voir au moins qu'elle a ses trois racines réelles et comprises entre $+1$ et -1.

Nous savons en effet que tous les arcs répondant au sinus donné m, sont fournis par la double formule

$$a = \begin{cases} 2k\pi + \alpha, \\ (2k+1)\pi - \alpha, \end{cases}$$

ou α désigne le plus petit des arcs positifs répondant à ce même sinus. On en tire :

$$\frac{a}{3} = \begin{cases} \dfrac{2k\pi}{3} + \dfrac{\alpha}{3} \\ \dfrac{(2k+1)\pi}{3} - \dfrac{\alpha}{3}. \end{cases}$$

L'équation précédente doit donc admettre comme racines, les sinus de tous ces arcs, ce qui donne

$$x = \sin\left(\frac{2k\pi}{3} + \frac{\alpha}{3}\right), \text{ et } x = \sin\left[\frac{(2k+1)\pi}{3} - \frac{\alpha}{3}\right].$$

Or, d'abord nous observerons que pour obtenir toutes les valeurs différentes de x comprises dans ces deux formules, il suffit d'y donner à k trois valeurs entières consécutives; car pour deux valeurs de k qui diffèrent d'un multiple de 3, les arcs soit de l'une, soit de l'autre de ces formules, diffèrent d'un nombre exact de fois 2π, et par conséquent ont même sinus.

En y donnant à k les valeurs 0, 1 et 2 par exemple, nous trouvons pour valeurs de x :

$$\sin\frac{\alpha}{3}, \ \sin\left(\frac{2\pi}{3} + \frac{\alpha}{3}\right), \ \sin\left(\frac{4\pi}{3} + \frac{\alpha}{3}\right)$$

$$\sin\left(\frac{\pi}{3} - \frac{\alpha}{3}\right), \ \sin\left(\frac{3\pi}{3} - \frac{\alpha}{3}\right), \ \sin\left(\frac{5\pi}{3} - \frac{\alpha}{3}\right),$$

Mais les sinus de la seconde ligne sont égaux respectivement à ceux de la 1re, bien que dans un autre ordre, car on a :

$$\frac{\alpha}{3} + \left(\frac{3\pi}{3} - \frac{\alpha}{3}\right) = \pi, \text{ d'où } \sin\frac{\alpha}{3} = \sin\left(\frac{3\pi}{3} - \frac{\alpha}{3}\right),$$

et de même pour les autres.

Ainsi x admet les 3 valeurs

$$\sin\frac{\alpha}{3}, \sin\left(\frac{2\pi}{3} + \frac{\alpha}{3}\right), \sin\left(\frac{4\pi}{3} + \frac{\alpha}{3}\right),$$

et n'admet que celles-là.

— On arrive à établir le même fait à l'aide d'une figure, par des procédés analogues à ceux de la page 28. On trouve ainsi que les valeurs de x satisfaisant à l'équation [1] sont représentées par les perpendiculaires abaissées sur le diamètre de l'origine, des trois sommets d'un triangle équilatéral inscrit dans la circonférence trigonométrique.

Remarque. — L'Équation $4x^3 - 3x + m = 0$, qui résout le problème précédent, peut avoir deux racines égales. — Cherchons dans quelles conditions cette particularité se présentera.

Pour que cette équation admette deux racines égales, dont nous représenterons momentanément la valeur commune par b, il faut que son premier membre soit divisible par $(x-b)^2$ ou par $x^2 - 2bx + b^2$.

Or, si l'on effectue la division du 1er membre $4x^3 - 3x + m$ par le trinôme $x^2 - 2bx + b^2$, on trouve pour reste, à l'état algébrique :

$$(12b^2 - 3)x + m - 8b^3.$$

Ce reste doit être identiquement nul, d'où les équations de condition :

$$12b^2 - 3 = 0, \text{ et } m - 8b^3 = 0,$$

qui donnent respectivement :

$$b = \pm\frac{1}{2}, \text{ et } b = \frac{\sqrt[3]{m}}{2}.$$

Dès lors il faut qu'on ait :

$$\frac{\sqrt[3]{m}}{2} = \pm\frac{1}{2},$$

et par conséquent :

$$m \text{ ou } \sin a = \pm 1.$$

Pour que l'équation [1] ait deux racines égales, il faut donc et il suffit que l'une des valeurs de l'arc a soit égale à $\pm \dfrac{\pi}{2}$.

5e QUESTION. — *Étant donné* cos a, *trouver* cos $\dfrac{a}{3}$.

On prend la formule

$$\cos 3a = 4\cos^3 a - 3\cos a,$$

dans laquelle on change a en $\dfrac{a}{3}$. On trouve ainsi :

$$\cos a = 4\cos^3 \dfrac{a}{3} - 3\cos \dfrac{a}{3},$$

ou en posant cos $a = m$ et cos $\dfrac{a}{3} = x$:

$$m = 4x^3 - 3x,$$

et
$$4x^3 - 3x - m = 0. \dots\dots\dots\dots\dots [2].$$

Cette équation du 3e degré résout le problème proposé.

6e QUESTION. — *Étant donnée* tg$a$, *trouver* tg$\dfrac{a}{3}$.

Dans la formule précédemment établie :

$$\operatorname{tg} 3a = \frac{3\operatorname{tg} a - \operatorname{tg}^3 a}{1 - 3\operatorname{tg}^2 a},$$

on change a en $\dfrac{a}{3}$; on trouve ainsi, en posant tg $a = m$ et tg $\dfrac{a}{3} = x$:

$$m = \frac{3x - x^3}{1 - 3x^2}$$

ou
$$x^3 - 3mx^2 - 3x + m = 0 \dots\dots\dots\dots\dots [3].$$

Cette équation, du 3e degré comme les précédentes, ne peut pas davantage être résolue par les procédés élémentaires. Du reste, on discute les équations [2] et [3], comme on a discuté l'équation [1].

VIII. — Transformation d'une somme en un produit.

En trigonométrie, tous les calculs se font par logarithmes. Comme les logarithmes ne s'appliquent directement qu'aux expressions monômes, il est nécessaire, avant de faire usage d'une formule de trigonométrie, de la rendre logarithmique, c'est-à-dire de la transformer en une formule monôme équivalente. Tel est le but que nous nous proposons ici.

1re QUESTION. — *Transformer en un produit la somme ou la différence de deux sinus ou de deux cosinus.*

On a :

$$\sin (a+b) = \sin a \cos b + \cos a \sin b$$
$$\sin (a-b) = \sin a \cos b - \cos a \sin b.$$

On tire de là, en ajoutant ou retranchant ces égalités membre à membre :

$$\sin (a+b) + \sin (a-b) = 2\sin a \cos b$$
$$\sin (a+b) - \sin (a-b) = 2\cos a \sin b.$$

Or, soit posé

$$a+b=p,$$
$$a-b=q,$$

d'où :

$$a = \frac{p+q}{2} \quad \text{et} \quad b = \frac{p-q}{2} ,$$

il viendra :

$$\sin p + \sin q = 2 \sin \frac{p+q}{2} \cos \frac{p-q}{2} \dots (33),$$

$$\sin p - \sin q = 2\cos \frac{p+q}{2} \sin \frac{p-q}{2} \dots (34).$$

De même on a :

$$\cos (a-b) = \cos a \cos b + \sin a \sin b,$$
$$\cos (a+b) = \cos a \cos b - \sin a \sin b.$$

On en tire, en ajoutant et retranchant ces deux égalités membre à membre :

$$\cos (a-b) + \cos (a+b) = 2\cos a \cos b,$$
$$\cos (a-b) - \cos (a+b) = 2\sin a \sin b,$$

et par suite

$$\cos q + \cos p = 2 \cos \frac{p+q}{2} \cos \frac{p-q}{2} \ \dots \ (35).$$

$$\cos q - \cos p = 2 \sin \frac{p+q}{2} \sin \frac{p-q}{2} \ \dots \ (36).$$

Les quatre formules qui précèdent résolvent la question proposée.

REMARQUE I. — Si l'on avait à transformer en un produit la somme

$$\sin x + \cos x,$$

On l'écrirait d'abord

$$\sin x + \sin (90^{\circ} - x),$$

ce qui ramène à l'une des formules précédentes, et l'on aurait pour résultat

$$2 \sin 45^{\circ} \cos (45^{\circ} - x), \text{ ou } \sqrt{2} \cos (45^{\circ} - x) \dots \ (37).$$

REMARQUE II. — En divisant membre à membre deux quelconques des quatre relations qui précèdent, on obtient une suite de résultats remarquables. Nous citerons entre autres les suivants :

$$\frac{\sin p + \sin q}{\sin p - \sin q} = \frac{\operatorname{tg} \frac{p+q}{2}}{\operatorname{tg} \frac{p-q}{2}} \ \dots \ (38).$$

$$\frac{\sin p + \sin q}{\cos q + \cos p} = \operatorname{tg} \frac{p+q}{2} \ \dots \ (39).$$

$$\frac{\cos q - \cos p}{\sin p - \sin q} = \operatorname{tg} \frac{p+q}{2} \ \dots \ (40).$$

$$\frac{\cos q - \cos p}{\sin p + \sin q} = \operatorname{tg} \frac{p-q}{2} \ \dots \ (41).$$

$$\frac{\sin p - \sin q}{\cos q + \cos p} = \operatorname{tg} \frac{p-q}{2} \ \dots \ (42).$$

2ᶜ QUESTION. — *Transformer en un produit la somme*

$$\sin A + \sin B + \sin C,$$

dans l'hypothèse A+B+C=180°.

On a d'abord

$$\sin A + \sin B = 2\sin \frac{A+B}{2}\cos \frac{A-B}{2}.$$

Or la relation $A+B+C=180°$, donne

$$\frac{A+B}{2} = 90° - \frac{C}{2},$$

d'où :

$$\sin \frac{A+B}{2} = \cos \frac{C}{2},$$

et

$$\cos \frac{A+B}{2} = \sin \frac{C}{2}.$$

On peut donc écrire :

$$\sin A + \sin B = 2\cos \frac{C}{2}\cos \frac{A-B}{2}.$$

D'autre part on a :

$$\sin C = 2\sin \frac{C}{2}\cos \frac{C}{2},$$

$$= 2\cos \frac{A+B}{2}\cos \frac{C}{2}.$$

Si l'on ajoute membre à membre cette relation et la précédente, il vient :

$$\sin A + \sin B + \sin C = 2\cos \frac{C}{2}\left(\cos \frac{A-B}{2} + \cos \frac{A+B}{2}\right),$$

$$= 2\cos \frac{C}{2} \times 2\cos \frac{A}{2}\cos \frac{B}{2},$$

$$= 4\cos \frac{A}{2}\cos \frac{B}{2}\cos \frac{C}{2} \dots\ (43).$$

3ᵉ Question. — *Transformer en un monôme une somme ou une différence de tangentes.*

On a successivement :

$$\operatorname{tg} a + \operatorname{tg} b = \frac{\sin a}{\cos a} + \frac{\sin b}{\cos b},$$

$$= \frac{\sin a \cos b + \cos a \sin b}{\cos a \cos b},$$

$$= \frac{\sin (a+b)}{\cos a \cos b} \dots\ (44).$$

Un calcul analogue donne

$$tg\, a - tg\, b = \frac{\sin\,(a-b)}{\cos a \cos b} \quad \ldots \quad (45).$$

4ᵉ QUESTION. — *Transformer en un produit la somme* $tg\, A + tg\, B + tg\, C$, *dans l'hypothèse* $A+B+C=180°$.

La relation $A+B+C=180°$, donne :

$$A+B=180°-C,$$

et par suite

$$tg\,(A+B) = -\,tg\, C,$$

ou

$$\frac{tg\, A + tg\, B}{1 - tg\, A\, tg\, B} = -\,tg\, C.$$

On en tire, en chassant le dénominateur :

$$tg\, A + tg\, B = -\,tg\, C + tg\, A\, tg\, B\, tg\, C,$$

et

$$tg\, A + tg\, B + tg\, C = tg\, A\, tg\, B\, tg\, C \quad \ldots \quad (46).$$

— On arrive au même résultat à l'aide de la formule d'addition :

$$tg\,(A+B+C) = -\frac{tg\, A + tg\, B + tg\, C - tg\, A\, tg\, B\, tg\, C}{1 - tg\, A\, tg\, B - tg\, A\, tg\, C - tg\, B\, tg\, C}.$$

Si l'on y suppose $A+B+C=180°$, c'est-à-dire $tg(A+B+C)=0$, ce qui revient à faire le numérateur du 2^{d} membre égal à 0, il vient immédiatement :

$$tg\, A + tg\, B + tg\, C - tg\, A\, tg\, B\, tg\, C = 0,$$

d'où :

$$tg\, A + tg\, B + tg\, C = tg\, A\, tg\, B\, tg\, C.$$

5ᵉ QUESTION. — Avant de passer au problème général de la transformation d'une somme en un produit, il convient de considérer quelques binômes que l'on rencontre fréquemment en trigonométrie. Ce sont les binômes

$$1+\cos a, \ 1-\cos a\,;\ 1+\sin a, \ 1-\sin a\,;$$

$$1+tg\, a, \ 1-tg\, a\,;\ 1+tg^2 a, \ 1-\sin^2 a, \ 1-\cos^2 a.$$

1° Si dans les formules

$$\sin^2 a + \cos^2 a = 1$$

et

$$\cos 2a = \cos^2 a - \sin^2 a,$$

on change a en $\dfrac{a}{2}$, il vient :

$$1 = \cos^2 \frac{a}{2} + \sin^2 \frac{a}{2}$$

et

$$\cos a = \cos^2 \frac{a}{2} - \sin^2 \frac{a}{2}$$

Or, si l'on ajoute ou retranche successivement ces nouvelles égalités membre à membre, il vient immédiatement :

$$1 + \cos a = 2\cos^2 \frac{a}{2}$$

$$1 - \cos a = 2\sin^2 \frac{a}{2} .$$

2º On a évidemment $1 + \sin a = 1 + \cos (90° - a)$. On peut donc appliquer les formules précédentes, et l'on trouve :

$$1 + \sin a = 2\cos^2 \left(45° - \frac{a}{2} \right).$$

De même :

$$1 - \sin a = 2\sin^2 \left(45° - \frac{a}{2} \right).$$

3º Si l'on remarque que 1 est égal à $\operatorname{tg} 45°$, on a :

$$1 + \operatorname{tg} a = \operatorname{tg} 45° + \operatorname{tg} a,$$

puis, en vertu de la formule (44) :

$$1 + \operatorname{tg} a = \frac{\sin (45° + a)}{\cos 45° \, \cos a}$$

$$= \frac{(\sin 45° + a)}{\frac{1}{2}\sqrt{2} \, \cos a} = \frac{\sqrt{2}\sin (45° + a)}{\cos a} .$$

On trouve de même :

$$1 - \operatorname{tg} a = \frac{\sqrt{2} \, \sin (45° - a)}{\cos a} .$$

4º Les formules fondamentales donnent immédiatement :

$$1 + \operatorname{tg}^2 a = \sec^2 a = \frac{1}{\cos^2 a};$$

$$1 - \sin^2 a = \cos^2 a ; \quad 1 - \cos^2 a = \sin^2 a.$$

6e QUESTION. — *Transformer en un monome une somme quelconque A+B, ou une différence A—B.*

Considérons d'abord la somme A+B. Nous pouvons écrire, en la multipliant et la divisant à la fois par A,

$$A + B = A\left(1 + \frac{B}{A}\right).$$

Or, la tangente variant de 0 à $+\infty$ dans le premier quadrant, il existe dans le premier quadrant un arc φ qui sera fourni par la table trigonométrique, et dont la tangente est égale à $\sqrt{\dfrac{B}{A}}$. Cet angle une fois déterminé, on aura :

$$A+B = A(1+\operatorname{tg}^2\varphi) = A\sec^2\varphi = \frac{A}{\cos^2\varphi} \ \ldots\ldots\ (47).$$

La somme A+B est ainsi remplacée par le monôme $\dfrac{A}{\cos^2\varphi}$.

— Cette méthode ne suppose rien sur les grandeurs relatives de A et B. Si l'on suppose A>B, on peut arriver au but d'une autre manière. Effectivement, dans ce cas, $\dfrac{B}{A}$ est moindre que 1, et il existe dans le 1er quadrant un angle θ, qui sera fourni par la table, et dont le cosinus est égal à $\dfrac{B}{A}$. Cet angle une fois déterminé, on aura :

$$A+B = A(1+\cos\theta)$$
$$= 2A\cos^2\frac{\theta}{2} \ \ldots\ldots\ (48).$$

—De même on a :

$$A—B = A\left(1 - \frac{B}{A}\right),$$

et en posant comme précédemment $\dfrac{B}{A} = \cos\theta$,

$$A—B = A(1—\cos\theta)$$
$$= 2A\sin^2\frac{\theta}{2} \ \ldots\ldots\ (49).$$

7ᵉ Question. — *Rendre logarithmiques les racines de l'équation du 2ᵈ degré*

$$x^2 + px + q = 0.$$

Ces racines sont données par la formule

$$x = -\frac{p}{2} \pm \sqrt{\frac{p^2}{4} - q}.$$

Or d'abord il n'est possible de les calculer qu'en les supposant réelles, c'est-à-dire en admettant qu'on ait

$$\frac{p^2}{4} - q > 0.$$

Cette condition satisfaite, nous distinguerons 2 cas, suivant que les racines à calculer sont de même signe ou de signes contraires, c'est-à-dire suivant qu'on a $q > 0$ ou $q < 0$.

1ᵉʳ Cas. $q > 0$. Les valeurs de x peuvent s'écrire:

$$x = -\frac{p}{2}\left(1 \mp \sqrt{1 - \frac{4q}{p^2}}\right).$$

Or $\frac{4q}{p^2}$ est moindre que 1, puisque les racines sont supposées réelles. On peut donc poser

$$\sqrt{\frac{4q}{p^2}} = \sin\varphi, \text{ ou } \frac{4q}{p^2} = \sin^2\varphi.$$

On aura alors:

$$x = -\frac{p}{2}\left(1 \mp \sqrt{1 - \sin^2\varphi}\right).$$

$$= -\frac{p}{2}\left(1 \mp \cos\varphi\right).$$

Si maintenant nous séparons les racines, il viendra:

$$x' = -\frac{p}{2}\left(1 - \cos\varphi\right) = -p\sin^2\frac{\varphi}{2} \dots\dots (50).$$

$$x'' = -\frac{p}{2}\left(1 + \cos\varphi\right) = -p\cos^2\frac{\varphi}{2} \dots\dots (51).$$

2^{d} CAS. $q<0$. Si nous posons $q=-q'$ afin de mettre le signe de q en évidence, il vient :

$$x=-\frac{p}{2}\pm\sqrt{\frac{p^2}{4}+q'}\,,$$

$$=-\frac{p}{2}\left(1\mp\sqrt{1+\frac{4q'}{p^2}}\right).$$

Or $\dfrac{4q'}{p^2}$ étant positif, on peut poser

$$\sqrt{\frac{4q'}{p^2}}=\operatorname{tg}\varphi,\ \text{ou}\ \frac{4q'}{p^2}=\operatorname{tg}^2\varphi.$$

On a alors :

$$x=-\frac{p}{2}\left(1\mp\sqrt{1+\operatorname{tg}^2\varphi}\right),$$

$$=-\frac{p}{2}\left(1\mp\sec\varphi\right),$$

$$=-\frac{p}{2}\left(1\mp\frac{1}{\cos\varphi}\right),$$

$$=-\frac{p}{2}\left(\frac{\cos\varphi\mp1}{\cos\varphi}\right).$$

Par suite :

$$x'=-\frac{p}{2}\frac{\cos\varphi-1}{\cos\varphi}=\frac{p}{2}\frac{1-\cos\varphi}{\cos\varphi}=\frac{p\sin^2\frac{\varphi}{2}}{\cos\varphi}\ \dots\ (52).$$

$$\text{et}\quad x''=-\frac{p}{2}\frac{\cos\varphi+1}{\cos\varphi}=\frac{-p\cos^2\frac{\varphi}{2}}{\cos\varphi}\ \dots\ (53).$$

LIVRE II.

—

Les tables trigonométriques sont des dictionnaires dans lesquels on trouve à côté de chaque arc du premier quadrant, soit les valeurs de ses lignes trigonométriques, soit les logarithmes de ces mêmes valeurs. Tous les arcs pouvant être ramenés au premier quadrant, une pareille table fait connaître les lignes trigonométriques des arcs terminés dans un quadrant quelconque.

Il convient d'ailleurs de remarquer que les arcs introduits dans la table sont toujours en progression arithmétique. Dans la table de Lalande, ces arcs croissent de minute en minute. Dans les tables de Callet et de M. Dupuis, ils croissent de 10 secondes en 10 secondes, et nous verrons plus loin que par interpolation, on peut dans l'usage de ces tables, tenir compte de la valeur des arcs jusqu'aux dixièmes de seconde près.

La construction des tables trigonométriques repose sur les théorèmes suivants :

THÉORÈME I.

Dans le premier quadrant, tout arc est plus grand que son sinus et moindre que sa tangente.

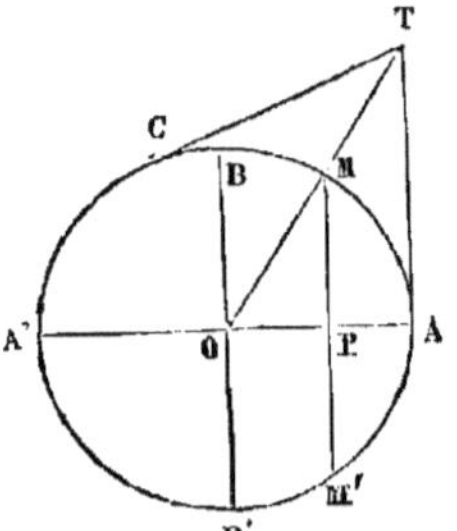

Soient en effet $AM = a$ l'arc considéré, MP son sinus, AT sa tangente; en prolongeant MP jusqu'en M′, nous aurons

$$\text{corde } MM' < \text{arc } MAM',$$

ou $\quad\quad 2MP < 2MA,$

ou enfin $\quad\quad MP < MA.$

De même en menant du point T la tangente TC à la circonférence, nous aurons :

Arc $CMA < CT + TA,$

et par suite

$$2\mathrm{MA} < 2\mathrm{TA},$$

ou $$\mathrm{MA} < \mathrm{TA}.$$

THÉORÈME II.

Dans le 1er quadrant le rapport d'un arc à son sinus diminue avec l'arc, et a pour limite l'unité quand l'arc tend vers 0.

Ainsi je dis d'abord qu'on a

$$\frac{a+b}{\sin (a+b)} > \frac{a}{\sin a}.$$

En effet pour que cette inégalité ait lieu, il suffit qu'on ait :

$$(a+b) \sin a > a \sin (a+b),$$

ou $$a \sin a + b \sin a > a \sin a \cos b + a \cos a \sin b,$$

ou enfin

$$a \sin a (1 - \cos b) + b \sin a - a \cos a \sin b > 0.$$

Or le premier terme $a \sin a (1 - \cos b)$ est positif. L'inégalité précédente sera donc démontrée si l'on peut faire voir que l'ensemble des deux derniers termes est positif lui-même, c'est-à-dire que l'on a :

$$b \sin a - a \cos a \sin b > 0,$$

ou $$b \sin a > a \cos a \sin b,$$

ou encore

$$\frac{b \sin a}{\cos a} > a \sin b,$$

c'est-à-dire enfin

$$b \, \mathrm{tg} \, a > a \sin b.$$

Or cette inégalité est évidente, car les facteurs du 1er membre sont plus grands respectivement que ceux du second.

Je dis en second lieu que

$$\lim \frac{a}{\sin a} = 1.$$

En effet, en vertu du théorème précédent on a :

$$\mathrm{tg} \, a > a > \sin a,$$

ou $$\frac{\sin a}{\cos a} > a > \sin a.$$

ou enfin

$$\frac{1}{\cos a} > \frac{a}{\sin a} > 1.$$

Or lorsque a devient de plus en plus petit, $\cos a$ et par suite $\dfrac{1}{\cos a}$, tendent vers l'unité. Le 1er membre de cette double inégalité tend donc vers le 3e. Donc à fortiori le 2^d membre tend vers le 3e, c'est-à-dire $\dfrac{a}{\sin a}$ vers 1.

Remarque. — Il résulte du théorème précédent qu'on peut poser

$$\frac{a}{\sin a} = 1 + \delta,$$

δ représentant une quantité susceptible de devenir aussi petite qu'on veut. On tire de là

$$\frac{a - \sin a}{\sin a} = \delta.$$

Mais $\dfrac{a - \sin a}{\sin a}$ est l'erreur relative que l'on commet en remplaçant $\sin a$ par a. Donc *lorsqu'un arc devient de plus en plus petit, l'erreur relative que l'on commet en le substituant à son sinus, devient elle-même aussi petite qu'on veut.*

THÉORÈME III.

Dans le premier quadrant, la valeur de $\sin a$ est comprise entre a et $a - \dfrac{a^3}{4}$.

D'abord, il résulte du théorème I que l'on a $\sin a < a$.

D'autre part, en vertu de la formule (17) sur la multiplication des arcs, on a :

$$\sin a = 2\sin \frac{a}{2} \cos \frac{a}{2}.$$

Si l'on multiplie et divise à la fois le 2^{d} membre par $\cos\dfrac{a}{2}$, il vient :

$$\sin a = \dfrac{2\sin\dfrac{a}{2}}{\cos\dfrac{a}{2}}\cos^2\dfrac{a}{2}$$

ou

$$\sin a = 2\,\text{tg}\,\dfrac{a}{2}\left(1 - \sin^2\dfrac{a}{2}\right).$$

Or, si l'on remplace dans cette égalité, $\text{tg}\,\dfrac{a}{2}$ par la quantité plus petite $\dfrac{a}{2}$, et $\sin^2\dfrac{a}{2}$ par la quantité plus grande $\dfrac{a^2}{4}$, pour cette double raison on diminuera le 2^{d} membre, et l'on aura :

$$\sin a > 2\,\dfrac{a}{2}\left(1 - \dfrac{a^2}{4}\right)$$

ou

$$\sin a > a - \dfrac{a^3}{4}.$$

Cela achève de démontrer l'énoncé.

Remarque. — De la dernière inégalité on tire :

$$a - \sin a < \dfrac{a^3}{4} \quad \dots\dots \quad (54).$$

On voit par là que *l'erreur commise quand on remplace un sinus par l'arc correspondant, est moindre que le quart de cube de l'arc.*

Application au calcul de sin 10″.

L'arc de $10''$ est contenu $180 \times 60 \times 6$, ou 64800 fois dans la demi-circonférence. Il est donc égal à

$$\dfrac{\pi}{64800}, \quad \text{ou à} \quad \dfrac{3{,}1415926\dots}{64800},$$

ou enfin à

$$0{,}000048481368110\dots$$

On peut dès lors poser approximativement
$$\sin 10'' = 0,00004848481368110\ldots$$

Reste à savoir sur combien de chiffres exacts on peut compter dans cette valeur de $\sin 10''$. Or, il résulte du théorème précédent que l'erreur ainsi commise est moindre que
$$\frac{(\mathrm{arc}\ 10'')^3}{4}.$$

Comme la valeur précédemment calculée de l'arc $10''$, contient plus de 4 cent millièmes, mais moins de 5, on peut écrire :
$$\mathrm{arc}\ 10'' < \frac{5}{10^5},$$

et l'erreur en question est moindre que
$$\frac{1}{4} \cdot \frac{125}{10^{15}}$$

ou que
$$\frac{32}{10^{15}}$$

ou enfin que
$$\frac{1}{2} \cdot \frac{1}{10^{13}}.$$

On peut donc compter sur 13 chiffres exacts dans la valeur de $\sin 10''$, et poser
$$\sin 10'' = 0,0000484813681.$$

Il est inutile d'ailleurs de forcer l'unité sur le dernier chiffre conservé, car en négligeant tous les chiffres qui suivent le 13e, on commet une erreur en moins, moindre aussi qu'une demi-unité du 13e ordre décimal, en sorte que les deux erreurs dont le nombre précédent est affecté, sont de sens contraires.

THÉORÈME IV.

Dans le 1er quadrant, $\cos a$ est toujours compris entre $1 - \dfrac{a^2}{2}$ *et* $1 - \dfrac{a^2}{2} + \dfrac{a^4}{16}$.

D'abord, si dans la formule (20) relative à la multiplication des arcs, où l'on a changé préalablement a en $\dfrac{a}{2}$:

$$\cos a = 1 - 2\sin^2 \frac{a}{2},$$

on remplace $\sin^2 \dfrac{a}{2}$ par la quantité plus grande $\dfrac{a^2}{4}$, il vient :

$$\cos a > 1 - \frac{2a^2}{4}$$
$$> 1 - \frac{a^2}{2}.$$

D'autre part, si dans la relation $\sin a > a - \dfrac{a^3}{4}$, on change a en $\dfrac{a}{2}$, il vient :

$$\sin \frac{a}{2} > \frac{a}{2} - \frac{a^3}{32}.$$

Si donc dans la même égalité $\cos a = 1 - 2\sin^2 \dfrac{a}{2}$, on remplace $\sin \dfrac{a}{2}$ par $\dfrac{a}{2} - \dfrac{a^3}{32}$ il viendra :

$$\cos a < 1 - 2\left(\frac{a}{2} - \frac{a^3}{32}\right)^2$$
$$< 1 - 2\left(\frac{a^2}{4} - \frac{a^4}{32} + \frac{a^6}{1024}\right)$$
$$< 1 - \frac{a^2}{2} + \frac{a^4}{16} - \frac{a^6}{512},$$

et à fortiori

$$\cos a < 1 - \frac{a^2}{2} + \frac{a^4}{16}.$$

Remarque. — Il résulte de ce théorème que lorsqu'on prend pour valeur de $\cos a$, l'expression $1 - \dfrac{a^2}{2}$, on commet une erreur moindre que $\dfrac{a^4}{16}$.

Application au calcul de cos $10''$.

On a trouvé antérieurement

$$\text{arc}\,10''=0,000048481368110\ldots$$

Or il résulte du théorème précédent que si l'on fait le carré de cette valeur, qu'on le divise par 2, et qu'on retranche le quotient de 1, le résultat représente approximativement $\cos 10''$. Reste à savoir sur combien de chiffres on peut compter dans ce calcul.

L'erreur commise est moindre que

$$\frac{(\text{arc}\,10'')^{4}}{16}.$$

Mais on a

$$\text{arc}\,10'' < \frac{5}{10^{5}}.$$

Donc l'erreur est moindre que

$$\frac{1}{16}\,\frac{625}{10^{20}},$$

ou que $\dfrac{40}{10^{20}}$, ou à fortiori que $\dfrac{1}{2}\,\dfrac{1}{10^{18}}$.

On pourra donc compter sur 18 chiffres exacts dans la valeur de $\cos 10''$ fournie par le calcul précédent. Cette valeur limitée à son 13e chiffre est

$$0,999\,999\,997\,649\,5\ldots\ldots$$

II. — Construction des Tables,

Les valeurs de $\sin 10''$ et de $\cos 10''$ une fois déterminées, on peut obtenir les valeurs des lignes trigonométriques de tous les arcs de $10''$ en $10''$, soit directement, soit à l'aide des formules de Simpson.

1° On a $\qquad 20''=2.10''$,

d'où :
$$\sin 20''=2\sin 10''\cos 10'',$$
$$\cos 20''=\cos^{2}10''-\sin^{2}10''.$$

Tout étant connu dans les seconds membres de ces égalités, les valeurs de $\sin 20''$ et $\cos 20''$, sont connues elles-mêmes.

On a ensuite
$$30''=20''+10'',$$
d'où
$$\sin 30''=\sin 20''\cos 10''+\cos 20''\sin 10'',$$
$$\cos 30''=\cos 20''\cos 10''-\sin 20''\sin 10''.$$

De même
$$40''=2.20''.$$
d'où :
$$\sin 40''=2\sin 20''\cos 20'',$$
$$\cos 40''=\cos^2 20''-\sin^2 20''.$$

De même on obtiendra les valeurs de $\sin 50''$ et $\cos 50''$, en observant que $50''=40''+10''$.

On voit par là qu'en appliquant alternativement les formules de multiplication des arcs et celles d'addition, on obtiendra les valeurs des sinus et cosinus de tous les multiples successifs de $10''$.

Les tangentes et cotangentes des mêmes arcs, s'obtiennent par division. Quant aux sécantes et cosécantes, on n'est pas dans l'habitude de les mettre dans les tables, parce que, grâce aux relations :
$$\sec a=\frac{1}{\cos a}\quad \text{et}\quad \csc a=\frac{1}{\sin a},$$

multiplier par la sécante ou la cosécante revient à diviser par le cosinus ou le sinus, et réciproquement.

2º Les deux formules de Simpson précédemment établies, sont les suivantes :
$$\sin(m+2)a=2\sin(m+1)a\cos a-\sin ma,$$
$$\cos(m+2)a=2\cos(m+1)a\cos a-\cos ma.$$

Si l'on suppose que a y représente l'arc de $10''$, et si l'on y fait successivement $m=0, 1, 2, 3....$ elles donnent :
$$\sin 20''=2\sin 10''\cos 10'',$$
$$\cos 20''=2\cos^2 10''-1,$$
$$\sin 30''=2\sin 20''\cos 10''-\sin 10'',$$
$$\cos 30''=2\cos 20''\cos 10''-\cos 10'',$$
$$\sin 40''=2\sin 30''\cos 10''-\sin 20'',$$
$$\cos 40''=2\cos 30''\cos 10''-\cos 20'',$$

....

Et elles font connaître encore de proche en proche, les valeurs des lignes trigonométriques de tous les multiples successifs de 10″.

On peut observer du reste que dans l'une ou l'autre méthode, il suffit de pousser le calcul jusqu'à 45°, car les sinus et cosinus des arcs de 45° à 90°, sont les cosinus et sinus des arcs de 0 à 45°.

REMARQUE. — Dans les calculs successifs qui viennent d'être indiqués, l'une des données, $\sin 10″$ ou $\cos 10″$, conserve toujours le même degré d'approximation, tandis que les autres résultant de calculs antérieurs, perdent peu à peu leur degré d'approximation primitif. C'est pourquoi il est à propos de pouvoir rétablir de loin en loin ce degré d'approximation.

A cet effet on calcule directement les valeurs des sinus et des cosinus des arcs du 1er quadrant, de 3 en 3 degrés.

Observons d'abord que le sinus de 30° est la moitié de la corde de l'arc de 60°. Mais l'arc de 60° est le 6e de la circonférence et sa corde est égale au rayon, ou à 1. On a donc :

$$\sin 30° = \frac{1}{2},$$

et par suite

$$\cos^2 30° = 1 - \frac{1}{4} = \frac{3}{4},$$

et

$$\cos 30° = \frac{1}{2}\sqrt{3}.$$

Les formules de division

$$\cos \frac{a}{2} = \sqrt{\frac{1+\cos a}{2}},$$

$$\sin \frac{a}{2} = \sqrt{\frac{1-\cos a}{2}},$$

donnent alors

$$\cos 15° = \frac{1}{2}\sqrt{2+\sqrt{3}},$$

$$\sin 15° = \frac{1}{2}\sqrt{2-\sqrt{3}}.$$

D'autre part, le sinus de 18° est la moitié de la corde de

l'arc de 36°. Mais l'arc de 36° est le dixième de la circonférence, et sa corde est égale au côté du décagone régulier inscrit, ou à $\frac{1}{2}(\sqrt{5}-1)$. On a donc

$$\sin 18° = \frac{1}{4}(\sqrt{5}-1),$$

et par suite

$$\cos^2 18° = 1 - \sin^2 18° = 1 - \frac{1}{16}(6 - 2\sqrt{5}),$$

$$= \frac{1}{16}(10 + 2\sqrt{5}),$$

d'où :

$$\cos 18° = \frac{1}{4}\sqrt{10 + 2\sqrt{5}.}$$

Connaissant $\sin 18°$ et $\cos 18°$, $\sin 15°$ et $\cos 15°$, on en déduit les valeurs de $\sin 3°$ et $\cos 3°$ à l'aide des formules

$$\sin 3° = \sin(18° - 15°) = \sin 18° \cos 15° - \cos 18° \sin 15°$$
$$\cos 3° = \cos(18° - 15°) = \cos 18° \cos 15° + \sin 18° \sin 15°.$$

La connaissance de $\sin 3°$ et $\cos 3°$ entraîne celle de $\sin 6°$ et $\cos 6°$, de $\sin 9°$ et $\cos 9°$, et en un mot des sinus et cosinus de tous les arcs du 1er quadrant, de 3 en 3 degrés.

Les valeurs ainsi trouvées, de 9 en 9 degrés, sont les suivantes :

$$\sin 9° = \frac{1}{4}\left\{\sqrt{3+\sqrt{5}} - \sqrt{5-\sqrt{5}}\right\}$$

$$\cos 9° = \frac{1}{4}\left\{\sqrt{3+\sqrt{5}} + \sqrt{5-\sqrt{5}}\right\}$$

$$\sin 18° = \frac{1}{4}(\sqrt{5}-1)$$

$$\cos 18° = \frac{1}{4}\sqrt{10+2\sqrt{5}}$$

$$\sin 27° = \frac{1}{4}\left\{\sqrt{5+\sqrt{5}} - \sqrt{3-\sqrt{5}}\right\}$$

$$\cos 27° = \frac{1}{4}\left\{\sqrt{5+\sqrt{5}} + \sqrt{3-\sqrt{5}}\right\}$$

$$\sin 36° = \frac{1}{4}\sqrt{10-2\sqrt{5}}$$

$$\cos 36° = \frac{1}{4}(\sqrt{5}+1)$$

$$\sin 45° = \cos 45° = \frac{1}{2}\sqrt{2}.$$

III. — Disposition et usage des Tables trigonométriques.

Les tables trigonométriques les plus usitées en France, sont les tables de Callet, auxquelles récemment M. Dupuis a fait subir quelques modifications importantes. Elles donnent les logarithmes des sinus, des tangentes, des cosinus et des cotangentes de tous les arcs, de seconde en seconde pour les 5 premiers et les 5 derniers degrés, et de 10 secondes en 10 secondes pour tous les degrés du quart de cercle.

Dans les tables de M. Dupuis, on trouve ces logarithmes avec leurs sept premières décimales, et leur caractéristique positive ou négative. Dans la table ordinaire de Callet, on trouve également ces logarithmes avec sept décimales ; mais afin d'éviter les caractéristiques négatives, on y a ajouté 10 unités aux logarithmes de toutes les lignes trigonométriques moindres que 1. Il résulte de là que, lorsque l'on prend dans la table ordinaire de Callet, le logarithme d'un sinus ou d'un cosinus, de la tangente d'un arc moindre que 45°, ou de la cotangente d'un arc plus grand, il faut avoir soin de retrancher de ces logarithmes les 10 unités qu'ils contiennent de trop.

Une autre particularité de la table de M. Dupuis, c'est que quand plusieurs logarithmes ont leurs premiers chiffres communs, on a sous-entendu les deux premiers dans tous ces logarithmes, excepté dans les extrêmes, en sorte que lorsqu'on ne trouve dans la table que les 6 derniers chiffres d'un logarithme, il faut le compléter en écrivant à sa gauche les deux chiffres excédants que contient le logarithme le plus voisin, en montant ou en descendant.

Comme les sinus et les tangentes des arcs inférieurs à 45°, sont les cosinus et les cotangentes des arcs supérieurs et réciproquement, les tables trigonométriques sont en quelque sorte repliées sur elles-mêmes : pour les arcs inférieurs à 45°, les nombres entiers de degrés se prennent en haut de la page en dehors du cadre, les minutes et les dizaines de seconde en descendant dans les deux premières colonnes à gauche ; les indications de sinus, cosinus, tangentes et cotangentes se prennent pareillement en haut de la page. Au contraire, pour les arcs supérieurs à 45°, les nombres entiers de degrés se prennent en bas de la page, en dehors du filet, les minutes et dizaines de seconde dans les deux colonnes à droite en remontant, et les noms des lignes trigonométriques en bas de la page.

Dans la table de M. Dupuis comme dans celle de Callet, les différences de deux logarithmes consécutifs de sinus ou de cosinus, ont été inscrites en face de l'intervalle correspondant dans la colonne intitulée D, et placées à droite des colonnes qui contiennent ces logarithmes.

Les différences entre les logarithmes des tangentes ou des cotangentes se trouvent dans la colonne intitulée *Diff. com.*, placée entre la colonne des tangentes et celle des cotangentes. Il n'y a qu'une seule colonne de différences pour ces deux lignes trigonométriques, parce que la relation $\tan a \cot a = 1$ donne

$$\log \tan a + \log \cot a = 0,$$

et montre que quand $\log \tan a$ s'accroît d'une quantité ε, $\log \cot a$ décroît de la même quantité.

Ajoutons enfin que, comme à partir de 5° les différences des arcs sont sensiblement proportionnelles à celles des logarithmes de leurs lignes trigonométriques, dans la table de M. Dupuis on a inscrit les parties proportionnelles des différences de ces logarithmes pour 1, 2, 3... 9 secondes. Le défaut d'espace n'a permis d'abord d'inscrire ces parties proportionnelles que de 10 en 10 différences, puis de 5 en 5, puis de 2 en 2. Mais à partir de 22°30' elles sont inscrites pour toutes les différences.

Cela posé, l'usage des tables trigonométriques présente deux cas principaux, suivant qu'il s'agit de trouver le logarithme d'une ligne trigonométrique d'un arc donné, ou de déterminer la valeur d'un arc, connaissant celle d'une de ses lignes trigonométriques.

1ᵉʳ PROBLÈME.

Trouver le logarithme du sinus, de la tangente, du cosinus, ou de la cotangente d'un arc donné.

1ᵉʳ CAS. — L'arc ne renferme que des degrés, des minutes et des dizaines de seconde.

On trouve les logarithmes de ses lignes trigonométriques immédiatement en regard, dans les colonnes intitulées sin, tang, cos, cotang, en tenant compte de ce qui a été dit précédemment au sujet des arcs supérieurs ou inférieurs à 45°.

2ᵉ CAS. — L'arc renferme des degrés, des minutes, des secondes et des dixièmes de seconde.

1ᵉʳ EXEMPLE. — Trouver $\log \sin 24°\text{-}36'\text{-}43'',6$.

Nous cherchons d'abord dans la table le log sin. de l'arc immédiatement inférieur au proposé. Nous trouvons ainsi

$$\log \sin 24°\text{-}36'\text{-}40'' = \overline{1},6195703.$$

Reste à tenir compte des $3'',6$ que l'arc proposé contient en plus. Or en face de l'intervalle où tombe cet arc, nous trouvons la différence 459, qui représente, en unités du 7ᵉ ordre décimal, ce dont s'accroît le log sin, quand l'arc s'accroît de $10''$. Si donc nous admettons, ce qui est sensiblement vrai, que les petits accroissements des arcs sont proportionnels aux accroissements des logarithmes de leurs sinus, nous dirons :

Si pour $10''$ d'augmentation dans l'arc, le log sin. s'accroît de 459 unités du 7ᵉ ordre, pour une seconde d'augmentation dans l'arc, il s'accroîtra de $\dfrac{459}{10}$,

et pour $3'',6$, de

$$\frac{459 \times 3,6}{10} = 165,24.$$

$$= 165 \text{ sensiblement.}$$

En ajoutant ces 165 unités au logarithme fourni par la table, on trouvera finalement :

$$\log \sin 24°\text{-}36'\text{-}43'',6 = \overline{1},6195868.$$

REMARQUE. — Dans la pratique au lieu de multiplier d'un

seul coup la différence 459 par 3,6, et de diviser ensuite le résultat par 10, on fait l'opération séparément pour 3 et pour 0,6. On dispose alors le calcul comme il suit :

$$x=24°\text{-}36'\text{-}43'',6.$$

(diff.459)

logsin24°-36'-40" . . . . $\overline{1}$,6195703

pour 3" 137.7

pour 0",6 . . . .   27.54

$\overline{1}$,6195868.24

Log sin$x$=$\overline{1}$,6195868

2ᵉ Exemple. — Trouver logcos36°-43'-32",7.

Comme le cosinus est une ligne trigonométrique qui diminue quand l'arc augmente, afin d'avoir à ajouter au logarithme pris dans la table, nous cherchons le cosinus de l'arc immédiatement supérieur à l'arc proposé. Nous trouvons ainsi

$$logcos36°\text{-}43'\text{-}40''=\overline{1},9038958.$$

Mais l'arc est trop fort de 40" moins 32",7 ou de 7",3. Pour tenir compte de cet excès, nous prenons en face de l'intervalle où tombe l'arc proposé, la différence 157, et admettant que les petites variations des arcs sont sensiblement proportionnelles à celles des log. de leurs cosinus, nous disons :

Si une diminution de 10" dans l'arc produit dans le log cos. une augmentation de 157 unités du 7ᵉ ordre,

Une diminution de 1" dans l'arc produit dans le log cos. une augmentation de $\dfrac{157}{10}$,

Et une diminution de 7",3 dans l'arc, augmentera le log de son cosinus de

$$\frac{157\times7,3}{10}=114,61,$$

$$=115 \text{ approximativement.}$$

En ajoutant ces 115 unités du 7ᵉ ordre, au log fourni par la table, on trouve :

$$logcos36°\text{-}43'\text{-}32'',7=\overline{1},9039073.$$

Disposition du calcul.

$$x = 36°\text{-}43'\text{-}32'',7.$$

(diff. 157)

$$\log\cos 36°\text{-}43'\text{-}40'' = \overline{1},9038958$$
$$\text{pour} \qquad -7'' \ \ldots \ldots \ 109,9$$
$$\text{pour} \qquad -0'',3. \ldots \ldots \qquad 4,71$$
$$\overline{\overline{1,9039072,61}}$$
$$\log\cos x = \overline{1},9039073.$$

2ᵉ PROBLÈME.

Étant donné le logarithme du sinus, du cosinus, de la tangente ou de la cotangente d'un arc, trouver la valeur de cet arc jusqu'aux dixièmes de seconde.

1ᵉʳ EXEMPLE. — Trouver la valeur de x sachant qu'on a

$$\log \sin x = \overline{1},3582756.$$

Nous cherchons dans la table le log sin. immédiatement inférieur au proposé. Nous trouvons ainsi $\overline{1},3582434$, qui correspond à 13°-11'-20''. Mais le logarithme proposé surpasse le log trouvé dans la table de 756—434 ou de 322 unités du 7ᵉ ordre. Pour tenir compte de ces 322 unités, nous prenons dans la table la différence 899 qui se trouve en face de l'intervalle où tombe le logarithme proposé, puis admettant que les acroissements des log sin. sont sensiblement proportionnels à ceux des arcs, nous disons :

Si pour un accroissement du log sin. égal à 899 unités du 7ᵉ ordre, l'arc s'accroît de 10'',

Pour un accroissement de 1 dans le logsin, il s'accroîtra de $\dfrac{10''}{899}$,

Et pour un accroissement de 322, il s'accroîtra de

$$\frac{10'' \times 322}{899} = \frac{3220''}{899} = 3'',5\ldots$$

Comme procédé pratique, on voit que cela revient à mettre un zéro à la suite du reste 322, et à diviser le résultat par la différence tabulaire 899, en regardant le quotient comme exprimant des secondes.

Si nous ajoutons les $3'',5$ ainsi obtenues à l'arc fourni par la table, nous trouvons :

$$x = 13°\text{-}11'\text{-}23'',5.$$

Disposition du calcul.

$$\log \sin x = \bar{1},3582756.$$

```
                              (diff. 899)
        Pour  1̄,3582434     13°-11'-20"
        1er Reste    3220   . . .      3"
        2e  id.      5230   . . .      0",5.
                            ─────────────────
                     x = 13°-11'-23",5.
```

2e EXEMPLE. — Trouver la valeur de x sachant qu'on a :

$$\log \cot g\, x = \bar{1},5321327.$$

Comme la cotangente diminue quand l'arc augmente, afin d'avoir à ajouter à l'arc fourni par la table, nous prenons dans la table le log cotang. immédiatement supérieur au log. donné. Nous trouvons ainsi $\bar{1},5321630$ qui correspond à $71°\text{-}11'\text{-}40''$. Or ce log. surpasse le logarithme donné de $630-327$ ou de 303 unités du 7e ordre. Pour tenir compte de cette différence, nous prenons la différence tabulaire 690 qui se trouve en face de l'intervalle où tombe le logarithme proposé, puis nous disons :

Si une diminution de 690 dans le logcotg produit dans l'arc une augmentation de $10''$,

Une diminution de 1 unité du 7e ordre dans le logarithme,

produit dans l'arc une augmentation de $\dfrac{10''}{690}$.

Et une diminution de 303, une augmentation de

$$\frac{10'' \times 303}{690} = \frac{3030''}{690} = 4'',3\ldots$$

On a donc

$$x = 70°\text{-}11'\text{-}44'',3.$$

Disposition de Calcul.

$$\text{Log} \cot g\, x = \bar{1},5321327.$$

```
        Log cotg x = 1̄,5321327.          (690)
        Pour  1̄,5321630          71°-11-40"
        1er reste   3030   . . . . .      4"
        2e  id.     2700   . . . . .      0",3
                            ─────────────────
                     x = 71°-11'-44",3
```

III. — Degré d'exactitude obtenu par les tables trigonométriques.

Il nous reste deux questions importantes à résoudre : la première est de savoir si l'on obtient le même degré d'approximation dans les calculs d'interpolation précédemment exposés, quelle que soit la ligne trigonométrique employée ; la seconde, si ce calcul donne toujours un degré suffisant d'approximation dans toute l'étendue du quart de cercle.

1° Supposons qu'on se propose, étant donné le logarithme d'une ligne trigonométrique, de trouver la valeur de l'arc correspondant. — Soit δ la différence tabulaire qui répond à ce logarithme ; si l'on admet la proportionnalité des petits accroissements des logarithmes à ceux des arcs, la variation δ du logarithme produisant une variation de $10''$ dans l'arc, une variation d'une unité de 7e ordre dans le logarithme ,produit dans l'arc une variation égale à $\dfrac{10''}{\delta}$. Telle est la limite de l'erreur commise dans le calcul de l'arc, par interpolation, lorsque les logarithmes trigonométriques sont connus avec 7 décimales, comme cela arrive dans les tables de Callet et de M. Dupuis.

On voit par là que, pour qu'on puisse obtenir par interpolation, à moins de 1 dixième de seconde, la valeur de l'arc qui correspond à un logarithme trigonométrique donné, il faut que δ soit au moins égal à 100.

Or en ouvrant la table, on reconnaît que jusqu'à 25 degrés, la différence pour les log cosinus est inférieure à 100, tandis que pour les log sinus elle est considérable. Donc dans cet intervalle un arc est mal déterminé par son log cosinus, et il vaudra mieux de 0 à 25°, dans le calcul d'un arc, se servir de son sinus que de son cosinus.

L'inverse a lieu pour les arcs supérieurs à 65°, car dans ces limites la différence des log sinus est inférieure à 100, tandis qu'elle est considérable pour les log cosinus.

On ne trouve pas le même inconvénient dans l'emploi des *log tang* et *log cotg* dont les différences sont considérables dans toute l'étendue du quart de cercle, ainsi qu'on le reconnaît à l'inspection de la table. On se rend compte du reste directement de ce fait en observant que la relation $tg\, a = \dfrac{\sin a}{\cos a}$ donne

$$\log \tang a = \log \sin a - \log \cos a.$$

Or soit Δ la différence pour $\log tg\,a$, δ et δ' les différences correspondantes pour $\log \sin a$ et $\log \cos a$. Il viendra :

$$\log tg\, a + \Delta = \log \sin a + \delta - (\log \cos a - \delta'),$$

$$= \log \sin a + \delta - \log \cos a + \delta'.$$

On en tire

$$\Delta = \delta + \delta'.$$

La différence pour les $\log tg.$ est donc toujours égale à la somme des différences correspondantes des $\log \sin.$ et des $\log \cos.$ Et de même pour les $\log \cotang.$

Il résulte de là qu'il y a toujours avantage à déterminer un angle par sa tang. ou sa cotang, plutôt que par ses autres lignes trigonométriques.

Des considérations analogues permettent de reconnaître que réciproquement, dans le calcul du logarithme d'une ligne trigonométrique répondant à un arc donné, l'interpolation telle que nous l'avons précédemment exposée ne permet de compter sur le 7ᵉ chiffre décimal, que pour les arcs supérieurs à 25° s'il s'agit d'un cosinus, ou pour les arcs inférieurs à 65° s'il s'agit d'un sinus, tandis que les $\log tg$ et $\log \cotg$ sont toujours obtenus avec cette approximation, dans toute l'étendue du quart de cercle.

2° Nous avons toujours supposé dans ce qui précède, les accroissements des arcs proportionnels à ceux des logarithmes de leurs lignes trigonométriques, et la seule inspection de la table montre que, tant que l'arc est compris entre 5° et 85°, cette hypothèse est légitime. On reconnaît en effet que quelle que soit la ligne trigonométrique considérée, les différences restent toujours les mêmes dans une grande étendue.

Mais il n'en est plus de même lorsque les arcs sont inférieurs à 5°, ou supérieurs à 85°. Les mathématiques supérieures démontrent en effet que pour ces arcs, la proportionnalité admise pour les autres, ne peut plus donner une approximation suffisante, et il faut avoir recours à des méthodes particulières que nous allons exposer.

5

Nous supposerons que le lecteur a entre les mains la table de logarithmes de M. Dupuis ; il convient alors de distinguer deux cas, suivant que l'arc considéré est compris entre 0 et $2°\text{-}46'\text{-}30''$, ou entre $2°\text{-}46'\text{-}30''$ et $5°$.

Arcs compris entre $2°\text{-}46'\text{-}30''$ et $5°$.

Dans cet intervalle, l'arc doit être déterminé par son sinus ou par sa tangente, et pour calculer les log. de ces lignes trigonométriques ou pour revenir de leur valeur à celle de l'arc, on fait usage des tables qui précèdent les grandes tables trigonométriques, et qui donnent les log sin. et log tang. des arcs de seconde en seconde de 0 à 5°. De la sorte, l'interpolation se faisant dans un intervalle 10 fois moins étendu, on peut encore obtenir les résultats de cette interpolation avec la même exactitude que dans le reste du quart de cercle.

1er EXEMPLE. — Calculer $\log \sin 3°\text{-}24'\text{-}17'',64$.

La table des sinus des arcs de seconde en seconde, donne immédiatement :

$$\log \sin 3°\text{-}24'\text{-}17'' = \overline{2},7737034.$$

Or, en retranchant ce log du suivant, on trouve la différence 354, qui représente (en unités du 7e ordre) l'accroissement du log sin. pour un accroissement de $1''$ dans l'arc. Pour $0'',64$, l'accroissement du log sin. sera donc :

$$354 \times 0,64 = 226,56.$$

On a par suite :

$$\log \sin 3°\text{-}24'\text{-}17'',64 = \overline{2},7737034 + 0,000022656$$

$$= \overline{2},7737261 \ \left(\text{à moins de } \frac{1}{10^7}\right).$$

2e EXEMPLE. — Calculer x à l'aide de la relation :

$$\log \tan g\, x = \overline{2},8698527.$$

En parcourant la table des log tang. de seconde en seconde, on trouve que le log tang. qui s'approche le plus du log. proposé par défaut est $\overline{2},8698374$, qui correspond à

$$4°\text{-}14'\text{-}17''$$

On a ainsi déjà la valeur de l'arc demandé, aux secondes

près. Pour avoir la fraction de seconde complémentaire, on retranche le log $\overline{2}$,8698371 du suivant dans la table, ce qui donne la différence tabulaire 285 ; en retranchant d'ailleurs ce même logarithme du log. donné 2,8698527, on a le reste 156.

Dès lors, si une augmentation de 285 dans le logtang, donne dans l'arc une augmentation de 1″,

pour 1, elle est dans l'arc de $\dfrac{1''}{285}$,

et pour 156, de $\dfrac{1'' \times 156}{285} = 0'',54.$

L'arc demandé est donc égal à

$$4°\text{-}14'\text{-}17'',54.$$

Arcs compris entre 0° et 2°-46'-30″.

1ᵉʳ PROBLÈME. *Étant donné un arc, trouver le log. de son sinus ou de sa tangente.*

On fait usage pour la résolution de ce problème, des relations évidentes

$$\sin a = a \times \frac{\sin a}{a}, \ \text{et } \operatorname{tg} a = a \times \frac{\operatorname{tg} a}{a},$$

dans lesquelles on suppose l'arc a exprimé en secondes et fraction décimale de seconde, et qui donnent

$$\text{Log} \sin a = \log a + \log \frac{\sin a}{a}$$

$$\text{Log} \tan g\, a = \log a + \log \frac{\tan g\, a}{a}.$$

On prend la valeur de $\log a$ dans la table des logarithmes des nombres ordinaires ; quant aux valeurs de $\log \dfrac{\sin a}{a}$ et de $\log \dfrac{\tan g\, a}{a}$, on les prend en bas des mêmes tables, dans les petites colonnes intitulées S ou T, suivant qu'il s'agit d'un log sin. ou d'un log tang.

Ces log., il est vrai, n'y sont inscrits que de 50″ en 50″ de de 1″ à 1000″, et de 10″ en 10″ de 1000″ à 10000″. Mais on obtient les valeurs de S ou T, pour les valeurs intermédiaires de l'arc, en interpolant à la manière ordinaire, et en observant que T augmente avec l'arc, tandis que S diminue quand l'arc augmente.

Exemple. — Trouver log sin 1°-8′-46″,57. D'abord dans les petites tables placées en bas de la table des log. des nombres, on trouve :

$$1°\text{-}8'\text{-}40'' = 4120''.$$

En y ajoutant 6″,57, on a pour la valeur de l'arc proposé en secondes, 4126″,57.

Cela posé, dans la table des log. des nombres on cherche à la manière ordinaire, le log. de 4126,57 qui est 3,6155892. Puis on prend au bas de la même page, la valeur de S qui correspond à 1°-8′-40″, savoir : $S = \bar{6},6855460$. La différence entre cette valeur et la suivante est 2, et représente la diminution de S pour une augmentation de 10″ dans l'arc. Pour 6″,57, la diminution est donc $0{,}2 \times 6{,}57 = 1{,}314 = 1$ environ, et la valeur de S correspondant à l'arc proposé est $\bar{6},6855459$. En l'ajoutant au log. de 4126,57, on a

$$\log \sin 1°\text{-}8'\text{-}46'',57 = 3{,}6155892 + \bar{6}{,}6855459.$$

$$= \bar{2}{,}3011351.$$

Remarque. — La plupart du temps dans ce calcul, on peut négliger les variations de S pour une variation de l'arc inférieure à 10″.

2ᵉ Problème. — *Etant donné le log sin. ou le log tang. d'un arc, trouver jusqu'aux centièmes de seconde près, la valeur de cet arc.*

Exemple. — Trouver la valeur de x sachant qu'on a :

$$\text{Log} \sin x = \bar{2}{,}3462564.$$

— On commence par chercher dans la table des log sin. de 10″ en 10″, à la manière des arcs ordinaires, l'intervalle où tombe le log sin. proposé. Ce log. tombant entre $\bar{2}{,}3454555$ qui correspond à 1°-16′-10″, et $\bar{2}{,}3464047$ qui correspond à

1°-16′-20″, on en conclut d'abord que l'arc proposé, aux dizaines de seconde près, est égal à

$$1°\text{-}16'\text{-}10''.$$

Cela posé, la relation

$$\log \sin x = \log x + \log \frac{\sin x}{x},$$
$$= \log x + S,$$

donne

$$\log x = \log \sin x - S.$$

On prendra donc dans la petite table qui est au-dessous de la table des log. des nombres, la valeur de S qui correspond à 1°-16′-10″, et qui est $\bar{6},6855393$, et admettant, ce qui est très-sensiblement vrai, qu'elle reste invariable dans un intervalle de 10″, on la retranchera du log. donné $\bar{2},3462564$.

On aura ainsi :

$$\text{Log} x = \bar{2},3462564 - \bar{6},6855393,$$
$$= 3,6607171.$$

En revenant, par les procédés usités pour les logarithmes ordinaires, de ce log. au nombre correspondant, on trouvera

$$x = 4578'',43.$$

Enfin, comme la petite table placée au bas de la page donne

$$4570'' = 1°\text{-}16'\text{-}10'',$$

on aura finalement :

$$x = 1°\text{-}16'\text{-}18'',43.$$

REMARQUE. — Des procédés tout pareils permettent de calculer les log. des cos. ou cotang. des arcs compris entre 85° et 90°, ou de revenir de ces logarithmes aux arcs correspondants.

LIVRE III.

RÉSOLUTION DES TRIANGLES.

I. — Relations entre les côtés et les angles d'un triangle rectangle.

THÉORÈME I.

Dans tout triangle rectangle chaque côté de l'angle droit est égal à l'hypoténuse multipliée par le sinus de l'angle opposé à ce côté, ou par le cosinus de l'angle adjacent.

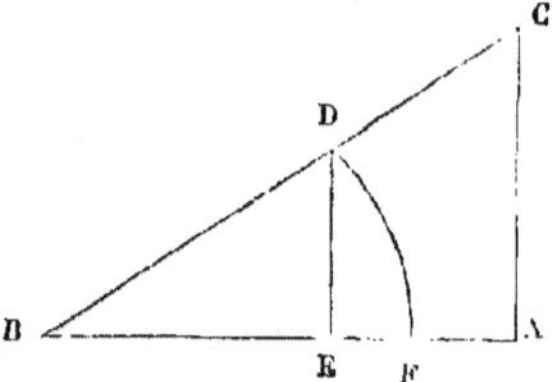

Soit ABC le triangle rectangle considéré, dont nous désignons suivant l'habitude, l'angle droit par A, les deux angles aigus par B et C, et les côtés opposés à ces angles par les petites lettres correspondantes a, b, c.

Si du point B comme centre avec un rayon égal à l'unité de longueur, nous décrivons l'arc de cercle DF, et que du point D nous abaissions sur BA la perpendiculaire DE qui représente le sinus de l'arc DF ou de l'angle B, les triangles semblables BCA, BDE donnent

$$\frac{CA}{DE} = \frac{BC}{BD}, \text{ ou } \frac{b}{\sin B} = \frac{a}{1}.$$

On en tire :

$$b = a \sin B \dots (56).$$

On démontre de même qu'on a :

$$c = a \sin C \dots (57).$$

D'autre part les angles B et C étant complémentaires, le

sinus de l'un est le cosinus de l'autre. Les relations précédentes peuvent donc s'écrire :

$$b = a \cos C \ldots \ (58).$$

$$c = a \cos B \ldots \ (59),$$

et cela achève de démontrer l'énoncé.

THÉORÈME II.

Dans tout triangle rectangle chaque côté de l'angle droit est égal à l'autre multiplié par la tangente de l'angle opposé au premier, ou par la cotangente de l'angle adjacent.

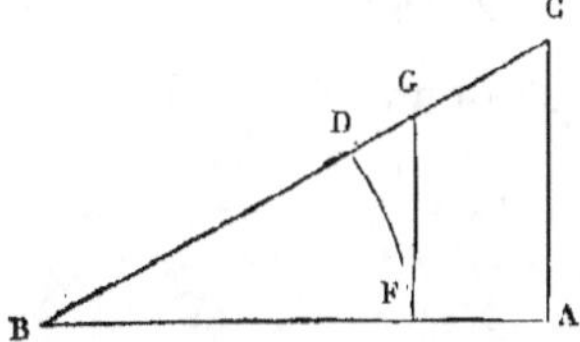

Soient en effet ABC un triangle rectangle, DF l'arc décrit du point B comme centre avec l'unité de longueur comme rayon, et FG la tangente de cet arc ou de l'angle B.

Les triangles semblables BAC, BFG donnent

$$\frac{AC}{FG} = \frac{BA}{BF},$$

ou

$$\frac{b}{\mathrm{tg}\,B} = \frac{c}{1}.$$

On en tire :

$$b = c \, \mathrm{tg}\, B \ldots \ (60).$$

On démontre de même qu'on a :

$$c = b \, \mathrm{tang}\, C \ldots \ (61).$$

D'autre part, les angles B et C étant complémentaires, la tangente de l'un est la cotangente de l'autre. Les relations précédentes peuvent donc encore s'écrire :

$$b = c \, \mathrm{cotg}\, C \ldots \ (62).$$

$$c = b \, \mathrm{cotg}\, B \ldots \ (63),$$

et cela démontre l'énoncé.

II. — Cas de résolution des triangles rectangles.

Dans un triangle rectangle, il y a un élément toujours

connu à priori, l'angle droit. Pour qu'un pareil triangle soit déterminé, il suffit donc qu'on y connaisse deux autres éléments parmi lesquels au moins un côté. De là quatre cas de résolution des triangles rectangles, suivant qu'avec l'angle droit on donne :

1° L'hypoténuse et un côté de l'angle droit ;

2° L'hypoténuse et un angle aigu ;

3° Un côté de l'angle droit et un angle aigu ;

Ou enfin 4° Les deux côtés de l'angle droit.

1er CAS.

Données a et b ; inconnues c, B, C.

Le théorème du carré de l'hypoténuse donne d'abord :

$$a^2 = b^2 + c^2,$$

d'où :
$$c^2 = a^2 - b^2,$$
$$= (a+b)(a-b),$$

et
$$c = \sqrt{(a+b)(a-b)},$$

c est ainsi déterminé par une formule logarithmique.

On a ensuite :
$$b = a \sin B,$$

et
$$b = a \cos C.$$

On en tire :
$$\sin B = \cos C = \frac{b}{a},$$

Ce qui achève de résoudre le problème.

2e CAS.

Données a et B. Inconnues C, b, c.

Les angles aigus d'un triangle rectangle étant complémentaires, on a d'abord :

$$C = 90° - B.$$

On a ensuite :

$$b = a \sin B \text{ et } c = a \cos B.$$

Toutes les inconnues sont ainsi exprimées en fonction des données.

3e Cas.

Données : b et B. *Inconnues :* C, *a, c.*

On a d'abord comme précédemment
$$C = 90° - B.$$

On a d'ailleurs
$$c = b \text{ cotang } B,$$
ce qui fait connaître c. Enfin on a :
$$b = a \sin B, \text{ d'où } a = \frac{b}{\sin B},$$
et cela détermine la valeur de la 3e inconnue.

4e Cas.

Données b et c : Inconnues B, C, *et a.*

D'abord, les angles B et C sont fournis par les relations
$$b = c \text{ tg } B$$
$$b = c \text{ cotg } C$$
qui donnent
$$\text{tg } B = \text{cotg } C = \frac{b}{c}.$$

Quant à l'inconnue a, on la calcule à l'aide de la relation
$$b = a \cos C, \text{ d'où } a = \frac{b}{\cos C},$$
puisque C ayant été préalablement déterminé, tout est connu dans le 2d membre de cette dernière égalité.

REMARQUE. — La relation $a^2 = b^2 + c^2$ donne immédiatement la valeur de l'inconnue a en fonction des données de la question. Seulement cette valeur n'est pas logarithmique, et pour la rendre logarithmique il faudrait faire usage d'un angle auxiliaire, et il vaut mieux dès lors calculer la valeur de a au moyen de l'un des angles B ou C du triangle.

Mais nous pouvons aller plus loin, et démontrer que cette seconde méthode ne différerait pas de la première.

Employons en effet la méthode générale pour rendre l'expression $a^2 = b^2 + c^2$, calculable par logarithmes. Il faudra d'abord écrire

$$a^2 = c^2 \left(1 + \frac{b^2}{c^2} \right)$$

Il faudra ensuite poser

$$\frac{b}{c} = \operatorname{tg} \varphi,$$

ce qui donnera

$$a^2 = c^2 \left(1 + \operatorname{tg}^2 \varphi \right)$$
$$= c^2 \sec^2 \varphi$$
$$= \frac{c^2}{\cos^2 \varphi}$$

et

$$a = \frac{c}{\cos \varphi}.$$

Or, l'angle auxiliaire φ n'est autre chose que l'angle B du triangle, puisqu'ils ont tous deux pour tangente $\dfrac{b}{c}$.

III. — Relations entre les côtés et les angles d'un triangle rectiligne quelconque.

THÉORÈME I.

Dans tout triangle rectiligne, les côtés sont proportionnels aux sinus des angles opposés.

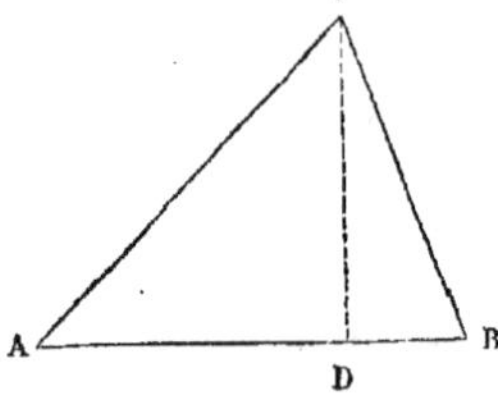 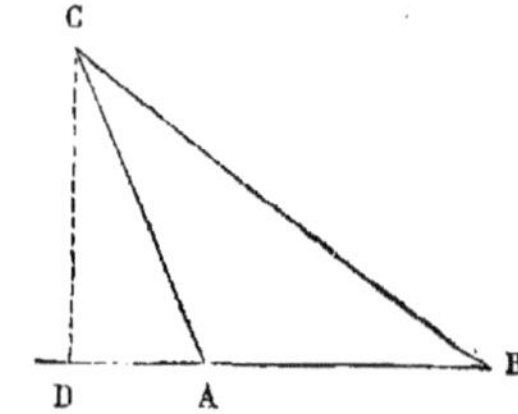

Soit ABC un triangle dont nous désignerons les angles par les grandes lettres A, B, C, et les côtés par les petites lettres correspondantes a, b, c. — Abaissons du sommet C la perpendiculaire CD sur le côté AB. Si elle tombe dans l'intérieur du triangle, le triangle rectangle CAD donne

$$CD = CA \sin CAD$$

$$= b \sin A.$$

Si au contraire elle tombe à l'extérieur, on a :

$$CD = CA \sin CAD$$

$$= CA \sin CAB$$

$$= b \sin A.$$

Le triangle CBD donne d'ailleurs dans tous les cas :

$$CD = CB \sin CBD = a \sin B.$$

Donc on a, en égalant les deux valeurs de CD :

$$a \sin B = b \sin A,$$

ou :
$$\frac{a}{\sin A} = \frac{b}{\sin B}.$$

On démontre de même que le 3e rapport $\dfrac{c}{\sin C}$ est égal aux deux autres.

REMARQUE. — On peut démontrer le même théorème sans s'appuyer sur les propriétés des triangles rectangles.

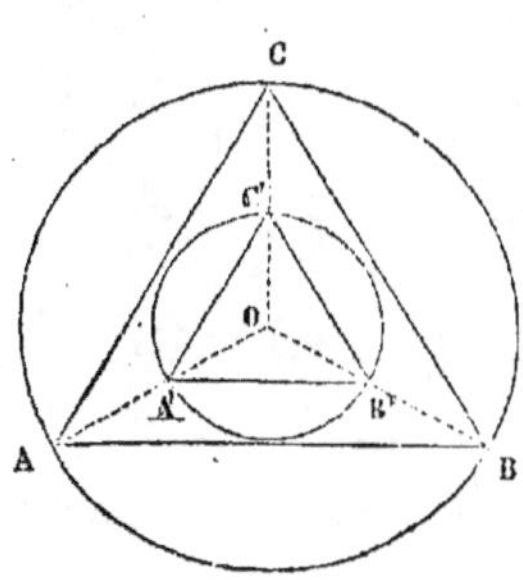

Soient encore ABC le triangle considéré, O le centre de la circonférence circonscrite. Du point O comme centre, avec un rayon égal à l'unité décrivons une circonférence qui coupe les trois rayons OA, OB, OC aux points A′, B′ et C′. Les côtés du triangle A′B′C′ seront respectivement parallèles à ceux du triangle ABC, et l'on aura

$$\frac{BC}{B'C'} = \frac{AC}{A'C'} = \frac{AB}{A'B'}.$$

Mais l'angle BOC est double de BAC puisqu'il a pour mesure l'arc BC, tandis que BAC a pour mesure la moitié du même arc. La corde B'C' représente donc le double de sinA. De même les cordes A'C' et A'B' représentent respectivement 2sinB et 2sinC. La proportion précédente peut donc s'écrire :

$$\frac{a}{2\sin A} = \frac{b}{2\sin B} = \frac{c}{2\sin C},$$

ou
$$\frac{a}{\sin A} = \frac{b}{\sin B} = \frac{c}{\sin C} \dots (64).$$

REMARQUE II. — La double relation qui vient d'être établie, et la relation

$$A + B + C = 180°,$$

suffisent à la résolution de tous les cas de triangles, car étant donnés trois des éléments d'un triangle parmi lesquels au moins un côté, elles fournissent trois équations d'où l'on peut déduire les 3 éléments inconnus.

THÉORÈME II

Dans tout triangle rectiligne le carré d'un côté est toujours égal à la somme des carrés des deux autres, moins 2 fois le produit de ces côtés, multiplié par le cosinus de l'angle qu'ils comprennent.

Supposons d'abord l'angle A aigu, et soit CD la perpendiculaire menée du sommet C sur AB. Nous aurons en vertu d'un théorème de géométrie :

$$\overline{CB}^2 = \overline{AC}^2 + \overline{AB}^2 - 2AB \times AD.$$

ou
$$a^2 = b^2 + c^2 - 2c \times AD.$$

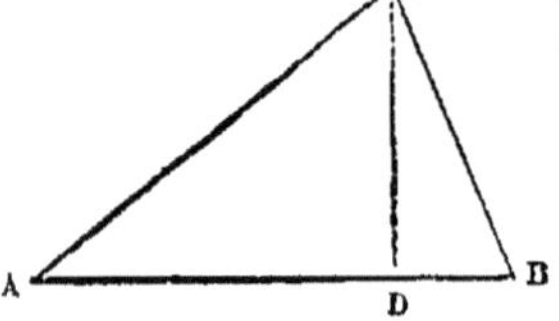

Or le triangle rectangle ACD donne

$$AD = AC \cos CAD,$$
$$= b \cos A.$$

Donc enfin :

$$a^2 = b^2 + c^2 - 2bc \cos A.$$

Si au contraire l'angle A est obtus, le triangle ABC donne

$$\overline{CB}^2 = \overline{CA}^2 + \overline{AB}^2 + 2AB \times AD,$$

ou $\quad a^2 = b^2 + c^2 + 2c \times AD.$

Mais dans le triangle rectangle CAD on a :

$$AD = AC \cos CAD,$$
$$= -AC \cos CAB.$$
$$= -b \cos A.$$

Donc enfin :

$$a^2 = b^2 + c^2 - 2bc \cos A.$$

Le théorème subsiste donc dans tous les cas.

Remarque I. — En appliquant le théorème précédent successivement aux trois côtés du triangle, on obtient les trois relations :

$$a^2 = b^2 + c^2 - 2bc \cos A \ldots . \ (65).$$
$$b^2 = a^2 + c^2 - 2ac \cos B,$$
$$c^2 = a^2 + b^2 - 2ab \cos C,$$

qui suffisent à la résolution de tous les cas de triangles, car étant donnés trois des éléments d'un triangle parmi lesquels un côté, elles deviennent trois équations entre les trois éléments inconnus, et permettent par suite de les calculer.

Remarque II. — Les relations (65) fournies par le théorème II, et celles du théorème I associées à la relation $A + B + C = 180°$, forment deux systèmes complètement équivalents, de telle sorte que des unes il est possible de déduire les autres.

1° La relation

$$a^2 = b^2 + c^2 - 2bc \cos A,$$

donne

$$\cos A = \frac{b^2 + c^2 - a^2}{2bc},$$

d'où :

$$\sin^2 A = 1 - \cos^2 A = 1 - \frac{(b^2 + c^2 - a^2)^2}{4b^2 c^2},$$

$$= \frac{-b^4 - c^4 - a^4 + 2b^2 c^2 + 2a^2 c^2 + 2a^2 b^2}{4b^2 c^2},$$

et

$$\frac{\sin^2 A}{a^2} = \frac{-b^4 - c^4 - a^4 + 2b^2 c^2 + 2a^2 c^2 + 2a^2 b^2}{4a^2 b^2 c^2}$$

Or le second membre de cette dernière égalité est symétrique en a, b et c. Donc les valeurs de $\dfrac{\sin^2 B}{b^2}$ et $\dfrac{\sin^2 C}{c^2}$ tirées de la 2e et de la 3e des relations (65), seraient identiques à la valeur de $\dfrac{\sin^2 A}{a^2}$, et l'on peut écrire :

$$\frac{\sin^2 A}{a^2} = \frac{\sin^2 B}{b^2} = \frac{\sin^2 C}{c^2},$$

et par suite

$$\frac{a}{\sin A} = \frac{b}{\sin B} = \frac{c}{\sin C},$$

— Des mêmes relations (65) on peut aussi déduire la relation $A + B + C = 180^\circ$.

En effet, si l'on ajoute membre à membre la 1re et la 2e, la 1re et la 3e, et la 2e et la 3e de ces relations (65), il vient après réduction

$$c = b \cos A + a \cos B \dots \quad (65^{\text{bis}}).$$
$$b = c \cos A + a \cos C,$$
$$a = b \cos C + c \cos B.$$

Substituant dans les deux dernières de celles-ci, la valeur de c fournie par la 1re, on trouve :

$$b \sin^2 A = a (\cos A \cos B + \cos C),$$
$$a \sin^2 B = b (\cos A \cos B + \cos C).$$

Enfin ces nouvelles relations multipliées membre à membre, donnent successivement :

$$\sin^2 A \sin^2 B = (\cos A \cos B + \cos C)^2$$
$$\sin A \sin B = \cos A \cos B + \cos C$$
$$\cos A \cos B - \sin A \sin B = -\cos C$$
$$\cos (A + B) = -\cos C.$$

Par suite :

$$A + B + C = 180^\circ.$$

2° Réciproquement, des relations

$$\frac{a}{\sin A} = \frac{b}{\sin B} = \frac{c}{\sin C}$$

et $$A+B+C=180^o$$

on peut déduire les relations (65).

En effet, la relation $A+B+C=180^o$ donne :

$$A+B=180^o-C$$

$$\sin(A+B)=\sin C$$

$$\sin A \cos B+\cos A \sin B=\sin C.$$

Cette dernière étant homogène par rapport à $\sin A$, $\sin B$ et $\sin C$, on peut y remplacer ces trois sinus par les quantités proportionnelles a, b, c, ce qui donne :

$$a \cos B+b \cos A=c.$$

Or, de l'égalité

$$\frac{a}{\sin A} = \frac{b}{\sin B},$$

on tire :

$$\sin B = \frac{b \sin A}{a},$$

et par suite :

$$\cos^2 B=1-\sin^2 B$$

$$=1-\frac{b^2 \sin^2 A}{a^2}$$

$$=\frac{a^2-b^2 \sin^2 A}{a^2},$$

et $$a \cos B=\sqrt{a^2-b^2 \sin^2 A}.$$

Mettant maintenant cette valeur de $a \cos B$ dans la relation précédemment obtenue $a \cos B+b \cos A=c$, on trouve successivement :

$$\sqrt{a^2-b^2 \sin^2 A}+b \cos A=c$$

$$\sqrt{a^2-b^2 \sin^2 A}=c-b \cos A$$

$$a^2-b^2 \sin^2 A=c^2+b^2 \cos^2 A-2bc \cos A$$

$$a^2=b^2 (\sin^2 A+\cos^2 A)+c^2-2bc \cos A,$$

et enfin

$$a^2 = b^2 + c^2 - 2bc \cos A.$$

On retrouverait de même la 2ᵉ et la 3ᵉ des relations (65).

REMARQUE III. — Dans le courant du calcul qui précède, nous avons trouvé entre les 6 éléments d'un triangle, les trois relations

$$a = b \cos C + c \cos B \qquad (65\ bis).$$
$$b = a \cos C + c \cos A$$
$$c = a \cos B + b \cos A.$$

On les établit directement comme il suit :

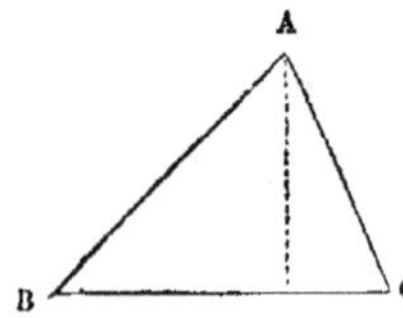

Soient ABC un triangle quelconque, et AD la perpendiculaire abaissée du sommet A sur le côté opposé. Si l'on suppose d'abord que cette perpendiculaire tombe entre B et C, on a

$$BC = BD + DC, \text{ ou } a = BD + DC.$$

Or, les triangles rectangles BAD, DAC donnent :

$$BD = BA \cos ABD = c \cos B$$
$$DC = AC \cos ACD = b \cos C.$$

Donc :

$$a = c \cos B + b \cos C.$$

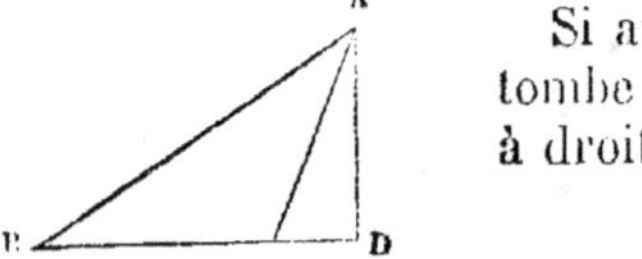

Si au contraire la perpendiculaire AD tombe en dehors du triangle, par exemple à droite de C, on a :

$$BC \text{ ou } a = BD - CD.$$

Or les triangles rectangles BAD, CAD donnent

$$BD = BA \cos ABD = c \cos A,$$
$$CD = CA \cos ACD = -CA \cos ACB = -b \cos C.$$

Donc on a encore

$$a = c \cos B + b \cos C.$$

On démontre d'une manière analogue la seconde et la 3ᵉ des relations (65 bis).

REMARQUE IV. — On appelle en général *projection* d'une droite sur une autre, la distance comprise entre les pieds des perpendiculaires abaissées des extrémités de la 1ʳᵉ sur la seconde.

Si l'on regarde cette projection comme positive quand elle est
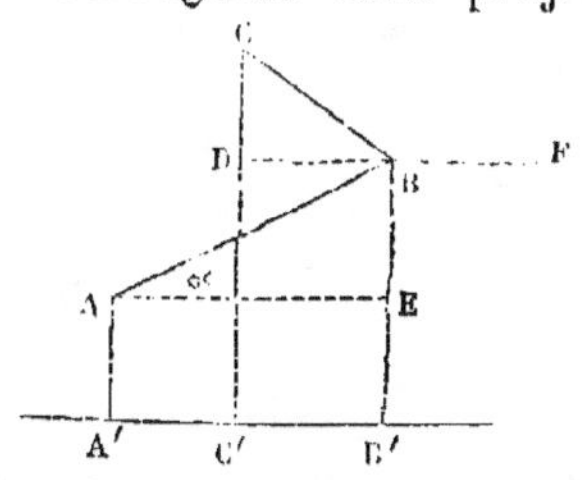
comptée dans un sens, il convient, en vertu du principe de Descartes, de la regarder comme négative quand elle est comptée en sens inverse. Ainsi dans la figure ci-contre, la projection A'B' de la droite AB étant regardée comme positive, la projection B'C' de la droite BC doit être regardée comme négative.

La projection d'une droite ainsi définie *est toujours égale en valeur et en signe, au produit de cette droite par le cosinus de l'angle qu'elle fait avec la direction des projections positives.*

En effet, l'angle de la droite AB avec la direction A'B' est BAE ou α. Or le triangle rectangle BAE donne

$$AE = AB \cos BAE = AB \cos \alpha.$$

On a donc :

$$A'B' = AB \cos \alpha.$$

Au contraire la projection de la droite BC est $-B'C'$ ou $-BD$. Or si l'on désigne par β l'angle CBF que fait la droite BC avec la direction des projections positives, le triangle rectangle CBD donne :

$$BD = BC \cos CBD = -BC \cos CBF = -BC \cos \beta.$$

On a donc

$$-B'C' = BC \cos \beta.$$

— Il est aisé de conclure de là que les relations (65 *bis*), expriment que *chacun des côtés d'un triangle est égal à la somme algébrique des projections des deux autres côtés sur le premier.*

IV. — Résolution des triangles rectilignes quelconques.

1er CAS.

Résoudre un triangle connaissant l'un de ses angles et les deux côtés qui le comprennent.

Données b, c, A ; inconnues B, C, a et S.

On a d'abord entre les deux inconnues B et C la relation

$$A + B + C = 180^{\circ},$$

d'où :
$$\frac{B+C}{2}=90°-\frac{A}{2}.$$

D'autre part la relation
$$\frac{b}{\sin B}=\frac{c}{\sin C},$$

donne successivement :
$$\frac{\sin B-\sin C}{\sin B+\sin C}=\frac{b-c}{b+c}$$

$$\frac{2\sin\dfrac{B-C}{2}\cos\dfrac{B+C}{2}}{2\cos\dfrac{B-C}{2}\sin\dfrac{B+C}{2}}=\frac{b-c}{b+c},$$

ou enfin :
$$\frac{\operatorname{tg}\dfrac{B-C}{2}}{\operatorname{tg}\dfrac{B+C}{2}}=\frac{b-c}{b+c}.$$

On en tire
$$\operatorname{tg}\frac{B-C}{2}=\frac{b-c}{b+c}\operatorname{tg}\frac{B+C}{2}$$
$$=\frac{b-c}{b+c}\operatorname{cotg}\frac{A}{2}\ldots\ldots(66)$$

On a ainsi une formule logarithmique permettant de calculer $\dfrac{B-C}{2}$.

Les valeurs de $\dfrac{B+C}{2}$ et de $\dfrac{B-C}{2}$ étant connues, si l'on

pose :
$$\frac{B+C}{2}=\alpha,\quad\frac{B-C}{2}=\beta,$$

on a :
$$B=\alpha+\beta,$$
$$C=\alpha-\beta,$$

et les deux premières inconnues se trouvent ainsi calculées.

Quant à la 3e inconnue a, on en déduit la valeur de la relation

$$\frac{a}{\sin A} = \frac{b}{\sin B},$$

qui donne
$$a = \frac{b \sin A}{\sin B}.$$

Reste à calculer la surface S du triangle.

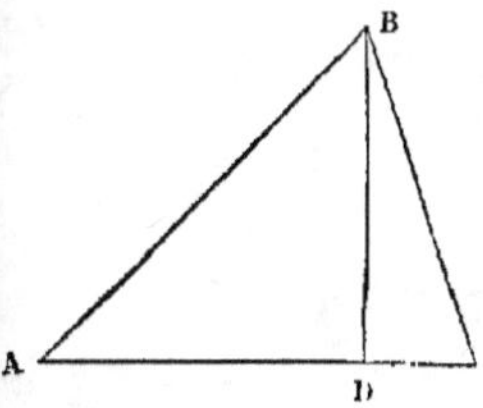

Or AC représentant la base et BD la hauteur de ce triangle, on a :

$$\text{ABC ou } S = \frac{AC \times BD}{2}$$
$$= \frac{b \times BD}{2}.$$

Mais le triangle rectangle ABD donne BD=BAsinBAD=$c$sinA.

Donc
$$S = \frac{bc \sin A}{2} \;\ldots\; (67).$$

Ainsi *la surface d'un triangle a pour mesure la moitié du produit de deux de ses côtés, multiplié par le sinus de l'angle qu'ils comprennent.*

REMARQUE I. — Il arrive souvent en géodésie que les côtés b et c sont donnés, non par eux-mêmes, mais par leurs logarithmes. Dans ce cas, on peut éviter de revenir aux valeurs mêmes de b et c. Reprenons en effet la formule précédemment établie

$$\operatorname{tg} \frac{B-C}{2} = \frac{b-c}{b+c} \operatorname{cotg} \frac{A}{2}.$$

On peut l'écrire :

$$\operatorname{tg} \frac{B-C}{2} = \frac{1 - \dfrac{c}{b}}{1 + \dfrac{c}{b}} \operatorname{cotg} \frac{A}{2}.$$

Or, soit posé

$$\cos \theta = \frac{c}{b},$$

d'où

$$\operatorname{Log} \cos \theta = \log c - \log b;$$

il viendra :

$$\operatorname{tg} \frac{B-C}{2} = \frac{1-\cos\theta}{1+\cos\theta} \operatorname{cotg} \frac{A}{2}$$

$$= \frac{2\sin^2 \frac{\theta}{2}}{2\cos^2 \frac{\theta}{2}} \operatorname{cotg} \frac{A}{2}$$

$$= \operatorname{tg}^2 \frac{\theta}{2} \operatorname{cotg} \frac{A}{2}.$$

On pourra ainsi calculer $\dfrac{B-C}{2}$ et par suite B et C, sans avoir à faire plus d'opérations logarithmiques que si l'on avait eu les valeurs de b et c elles-mêmes.

REMARQUE II. — Le calcul de a par la formule $a = \dfrac{b\sin A}{\sin B}$, exige la recherche de trois nouveaux logarithmes. On peut diriger le calcul de manière à n'en avoir que deux à chercher. La relation

$$\frac{a}{\sin A} = \frac{b}{\sin B} = \frac{c}{\sin C},$$

donne en effet :

$$\frac{a}{\sin A} = \frac{b+c}{\sin B + \sin C}$$

$$= \frac{b+c}{2\sin\frac{B+C}{2}\cos\frac{B-C}{2}}$$

$$= \frac{b+c}{2\cos\frac{A}{2}\cos\frac{B-C}{2}}.$$

Si d'ailleurs on remplace $\sin A$ par $2\sin\dfrac{A}{2}\cos\dfrac{A}{2}$, il vient :

$$\frac{a}{2\sin\frac{A}{2}\cos\frac{A}{2}} = \frac{b+c}{2\cos\frac{A}{2}\cos\frac{B-C}{2}},$$

d'où :

$$a = \frac{(b+c)\,\sin\dfrac{A}{2}}{\cos\dfrac{B-C}{2}} \quad \ldots\ldots(68)$$

Comme le log de $b+c$ a déjà été déterminé dans le calcul de $\operatorname{tg}\dfrac{B-C}{2}$, on voit que pour obtenir la valeur de a, il suffira de chercher deux nouveaux logarithmes au lieu de trois, savoir ceux de $\sin\dfrac{A}{2}$ et de $\cos\dfrac{B-C}{2}$.

Toutefois, cette méthode n'est réellement avantageuse que lorsqu'on n'a pas à calculer la surface S, qui comme la formule $a = \dfrac{b\sin A}{\sin B}$, exige la recherche de $\log b$ et de $\log \sin A$.

Remarque III. — Au lieu de calculer le côté a à l'aide de la relation $a = \dfrac{b\sin A}{\sin B}$, qui fait dépendre sa valeur de celle de l'angle B précédemment calculé, on aurait pu le calculer directement à l'aide de la formule

$$a^2 = b^2 + c^2 - 2bc\cos A,$$

qui fournit immédiatement la valeur de a en fonction des données de la question. Seulement pour pouvoir faire usage de cette formule, il faut d'abord la rendre logarithmique. A cet effet, ajoutons et retranchons à la fois $2bc$ à son second membre ; il viendra :

$$a^2 = b^2 + c^2 + 2bc - 2bc - 2bc\cos A,$$
$$= (b+c)^2 - 2bc(1+\cos A),$$
$$= (b+c)^2 - 4bc\cos^2\frac{A}{2},$$
$$= (b+c)^2\left\{1 - \frac{4bc\cos^2\dfrac{A}{2}}{(b+c)^2}\right\}.$$

Or soit posé

$$\cos \delta = \frac{2\sqrt{bc}\cos\dfrac{A}{2}}{b+c},$$

d'où : $\log\cos\delta = \log 2 + \dfrac{1}{2}\log b + \dfrac{1}{2}\log c + \log\cos\dfrac{A}{2} - \log(b+c)$

On aura :

$$a^2 = (b+c)^2(1-\cos^2\delta) = (b+c)^2\sin^2\delta,$$

et $\qquad\qquad a = (b+c)\sin\delta.$

La valeur de a sera ainsi devenue calculable par logarithmes.

— Pour atteindre le même but, on peut encore opérer comme il suit : D'abord l'égalité

$$a^2 = b^2 + c^2 - 2bc\cos A,$$

peut s'écrire identiquement

$$a^2 = \left(b^2+c^2\right)\left(\cos^2\frac{A}{2} + \sin^2\frac{A}{2}\right) - 2bc\left(\cos^2\frac{A}{2} - \sin^2\frac{A}{2}\right),$$

$$= \left(b+c\right)^2\sin^2\frac{A}{2} + (b-c)^2\cos^2\frac{A}{2},$$

$$= \left(b+c\right)^2\sin^2\frac{A}{2}\left\{1 + \frac{(b-c)^2}{(b+c)^2}\cot g^2\frac{A}{2}\right\}.$$

Si alors on pose :

$$\frac{b-c}{b+c}\cot g\,\frac{A}{2} = tg\,\lambda,$$

d'où : $\quad\log tg\,\lambda = \log(b-c) - \log(b+c) + \log\cot g\,\dfrac{A}{2},$

il vient :

$$a^2 = (b+c)^2\sin^2\frac{A}{2}\,(1+tg^2\,\lambda).$$

$$= \frac{(b+c)^2\sin^2\dfrac{A}{2}}{\cos^2\lambda},$$

et

$$a = \frac{(b+c)\sin\frac{A}{2}}{\cos\lambda}.$$

La valeur de a est encore rendue logarithmique.

Il est bon d'observer que cette 2e méthode ne diffère en rien de celle qui consistait à calculer a par l'intermédiaire des valeurs préalablement calculées de B et C. La comparaison de la formule

$$\operatorname{tg}\lambda = \frac{b-c}{b+c}\ \cot\frac{A}{2},$$

qui définit l'angle λ, avec la formule (66) qui donne $\frac{B-C}{2}$, montre en effet que l'angle auxiliaire λ n'est autre chose que $\frac{B-C}{2}$. La formule $a = \dfrac{(b+c)\sin\frac{A}{2}}{\cos\lambda}$, est d'après cela identique à la formule (68) de la remarque II.

2e CAS.

Résoudre un triangle connaissant l'un de ses côtés et les deux angles adjacents.

Données : a, B, C ; inconnues : A, b, c et S.

D'abord on a :

$$A = 180° - (B+C),$$

en sorte qu'on peut regarder A comme une des données du problème.

On a ensuite :

$$\frac{a}{\sin A} = \frac{b}{\sin B} = \frac{c}{\sin C},$$

On en tire

$$b = \frac{a\sin B}{\sin A} \ ; \ c = \frac{a\sin C}{\sin A},$$

ce qui fait connaître b et c.

Enfin pour calculer S, on prend la formule

$$S = \frac{ac \sin B}{2},$$

obtenue dans la résolution du problème précédent, et on y remplace c par sa valeur en fonction des données. Il vient ainsi :

$$S = \frac{a^2 \sin B \sin C}{2 \sin A}. \quad \dots \dots (69).$$

3ᵉ Cas.

Résoudre un triangle dont on connaît les trois côtés.

Données a, b, c ; Inconnues A, B, C et S.

De la relation

$$a^2 = b^2 + c^2 - 2bc \cos A,$$

qui ne contient que l'inconnue A, on tire immédiatement :

$$\cos A = \frac{b^2 + c^2 - a^2}{2bc} \quad \dots (70).$$

et cette formule détermine l'angle A. Seulement comme elle n'est pas logarithmique, il faut en déduire des formules logarithmiques.

1º Si l'on ajoute 1 aux deux membres de l'égalité précédente, il vient :

$$1 + \cos A = 1 + \frac{b^2 + c^2 - a^2}{2bc}$$

ou

$$2\cos^2 \frac{A}{2} = \frac{2bc + b^2 + c^2 - a^2}{2bc},$$

$$= \frac{(b+c)^2 - a^2}{2bc},$$

$$= \frac{(b+c+a)(b+c-a)}{2bc}.$$

Or, si l'on pose

$$a + b + c = 2p,$$

on en tire :

$$b + c - a = 2p - 2a = 2(p - a).$$

Donc :

$$2\cos^2 \frac{A}{2} = \frac{2p \times 2\,(p-a)}{2bc}$$

ou

$$\cos^2 \frac{A}{2} = \frac{p\,(p-a)}{bc}$$

et

$$\cos \frac{A}{2} = \sqrt{\frac{p\,(p-a)}{bc}} \ldots (71).$$

2° Si l'on retranche de 1 les deux membres de la même égalité, il vient :

$$1 - \cos A = 1 - \frac{b^2 + c^2 - a^2}{2bc}$$

ou

$$2\sin^2 \frac{A}{2} = \frac{2bc - b^2 - c^2 + a^2}{2bc}$$

$$= \frac{a^2 - (b-c)^2}{2bc}.$$

$$= \frac{(a+b-c)\,(a-b+c)}{2bc}.$$

Mais l'égalité $a+b+c=2p$ donne

$$a+b-c=2(p-c)$$

$$a-b+c=2(p-b).$$

Donc :

$$2\sin^2 \frac{A}{2} = \frac{2(p-b) \times 2(p-c)}{2bc},$$

ou

$$\sin^2 \frac{A}{2} = \frac{(p-b)(p-c)}{bc},$$

et

$$\sin \frac{A}{2} = \sqrt{\frac{(p-b)(p-c)}{bc}} \ldots (72).$$

3° Si dans la relation $\sin A = 2\sin \frac{A}{2}\cos \frac{A}{2}$, on remplace

$\sin \dfrac{A}{2}$ et $\cos \dfrac{A}{2}$ par leurs valeurs, on trouve :

$$\sin A = 2\sqrt{\frac{(p-b)(p-c)}{bc}} \times \sqrt{\frac{p(p-a)}{bc}},$$

$$= \frac{2}{bc}\sqrt{p(p-a)(p-b)(p-c)} \dots (73).$$

4° Enfin si dans la relation

$$\operatorname{tg}\frac{A}{2} = \frac{\sin\dfrac{A}{2}}{\cos\dfrac{A}{2}},$$

on met au lieu de $\sin\dfrac{A}{2}$ et de $\cos\dfrac{A}{2}$ leurs valeurs précédemment trouvées, il vient :

$$\operatorname{tg}\frac{A}{2} = \frac{\sqrt{\dfrac{(p-b)(p-c)}{bc}}}{\sqrt{\dfrac{p(p-a)}{bc}}} = \sqrt{\frac{(p-b)(p-c)}{p(p-a)}} \dots (74).$$

On a ainsi quatre formules logarithmiques à l'aide desquelles on peut calculer A. Les formules analogues pour B et C, se déduisent des précédentes par permutation tournante.

Celles de ces formules qu'on emploie d'ordinaire, sont celles qui donnent $\operatorname{tg}\dfrac{A}{2}$, $\operatorname{tg}\dfrac{B}{2}$, $\operatorname{tg}\dfrac{C}{2}$, parce qu'elles n'exigent à elles trois que la recherche des logarithmes de p, $p-a$, $p-b$ et $p-c$, tandis que les autres exigeraient en plus la recherche de ceux de a, b et c.

DISCUSSION. — Pour que la formule

$$\operatorname{tg}\frac{A}{2} = \sqrt{\frac{(p-b)(p-c)}{p(p-a)}},$$

soit admissible, il faut que la quantité sous le radical y soit positive. Il faut donc que les trois différences soient positives, ou que deux soient négatives et la troisième positive. Or cette seconde hypothèse est à rejeter, car si l'on avait par exemple

$$p-a<0,$$

et
$$p-b<0,$$

on en déduirait par addition

$$2p-a-b<0,$$

ou
$$c<0,$$

ce qui ne peut être.

Il ne reste donc que la première hypothèse, savoir :

$$p-a>0, \; p-b>0, \; p-c>0,$$

ou
$$\frac{a+b+c}{2}-a>0, \; \frac{a+b+c}{2}-b>0,$$

$$\frac{a+b+c}{2}-c>0, \; .$$

ou enfin

$$a<b+c, \; b<a+c, \; c<a+b.$$

La formule qui donne $\tan\frac{A}{2}$ n'est donc applicable qu'autant que chaque côté du triangle est moindre que la somme des deux autres, ce que du reste il était facile de prévoir.

On arrive aux mêmes conditions de possibilité en discutant les autres formules.

— Pour achever la résolution du problème il reste à calculer la valeur de S. Or on l'obtient en remplaçant dans la relation

$$S=\frac{bc\sin A}{2},$$

sinA par sa valeur précédemment obtenue : On trouve ainsi

$$S=\frac{bc}{2}\times\frac{2}{bc}\sqrt{p(p-a)(p-b)(p-c)},$$

$$=\sqrt{p(p-a)(p-b)(p-c)} \; \dots \; (75).$$

4e Cas.

Résoudre un triangle connaissant deux de ses côtés et l'angle opposé à l'un d'eux.

Données a, b, A; inconnues B, C, c

D'abord la relation

$$\frac{a}{\sin A} = \frac{b}{\sin B},$$

donne :

$$\sin B = \frac{b \sin A}{a},$$

ce qui fait connaître B.

On obtient ensuite l'angle C par la relation

$$C = 180 - (A + B).$$

Enfin la valeur du côté c se déduit de l'égalité

$$\frac{a}{\sin A} = \frac{c}{\sin C} \quad \text{qui donne} \quad c = \frac{a \sin C}{\sin A}.$$

Le problème est ainsi résolu.

Discussion. — L'angle B est, dans la résolution précédente, déterminé par son sinus. Comme tout sinus est moindre que 1, une première condition de possibilité du problème, c'est qu'on ait :

$$\frac{b \sin A}{a} < 1.$$

Cette première condition remplie, la table donne pour B, deux valeurs B' et B'' supplémentaires l'une de l'autre, et pour que ces valeurs soient admissibles, il faut que la valeur de l'angle C correspondant à chacune d'elles, puisse être calculée, c'est-à-dire que A+B' ou A+B'' soit moindre que 180°.

Cela posé, quatre cas sont à considérer, suivant que l'angle donné A est obtus, ou droit, ou aigu et opposé au plus grand des côtés donnés, ou enfin aigu et opposé au plus petit de ces côtés.

1° A *est obtus*. On a alors forcément $a > b$, et à fortiori $a > b \sin A$. La condition

$$\frac{b \sin A}{a} < 1,$$

est donc satisfaite d'elle-même.

De plus les arcs du 1er quadrant étant dans le même ordre de grandeur que leurs sinus, comme la valeur $\dfrac{b \sin A}{a}$ de $\sin B$, est moindre que $\sin A$, on a

$$B' < 180° - A,$$

d'où : $$A + B' < 180°.$$

La valeur B' de l'angle B, est donc admissible et fournit une solution du problème.

Au contraire l'angle B″ est à rejeter, car cet angle étant obtus, la somme A+B″ est plus grande que 180°.

2° Même conclusion si l'angle A est droit.

3° *L'angle A est aigu et opposé au plus grand des deux côtés donnés.*

Dans ce cas on a encore $a > b$, et à fortiori $> b \sin A$, et la condition

$$\frac{b \sin A}{a} < 1,$$

est encore satisfaite d'elle-même.

D'autre part, des deux valeurs de B fournies par la table, la valeur aiguë B′ est admissible, car A et B′ étant deux angles aigus, la somme A+B′ est moindre que 180°.

Mais la valeur B″ est à rejeter, car la valeur $\dfrac{b \sin A}{a}$ de $\sin B$ étant moindre que $\sin A$, on a B′ < A, par suite 180° − B″ < A, et enfin

$$A + B″ > 180°.$$

4° *L'angle A est aigu et opposé au plus petit des côtés donnés.*

On a par hypothèse $a < b$; on n'a donc pas nécessairement $a > b \sin A$, ou $\dfrac{b \sin A}{a} < 1$, et le problème n'admet pas nécessairement une solution.

Lorsque la condition $\dfrac{b \sin A}{a} < 1$, sera satisfaite, les deux valeurs B′ et B″ de l'angle B fourniront chacune une solution du problème : Cela est évident pour la valeur aiguë B′ ; car

A et B′ étant deux angles aigus, la somme $A+B'$ est moindre que 180°.

Quant à B″, on peut observer que l'hypothèse $a<b$, donne

$$\frac{b \sin A}{a} > \sin A$$

ou

$$\sin B > \sin A.$$

On en conclut

$$B' > A,$$

et par suite

$$180 - B'' > A,$$

ou

$$A + B'' < 180°.$$

L'angle B″ est donc admissible lui-même.

Si l'on avait

$$\frac{b \sin A}{a} = 1,$$

ou $\sin B = 1$, B′ et B″ seraient deux angles droits, et les deux solutions n'en feraient qu'une.

Enfin quand on a

$$\frac{b \sin A}{a} > 1$$

le problème n'admet plus aucune solution.

Ainsi, en résumé, le problème admet toujours une solution et seulement une, quand l'angle donné A est obtus, ou droit, ou aigu et opposé au plus grand des deux côtés donnés. Quand au contraire cet angle est aigu et opposé au plus petit côté, le problème peut admettre deux solutions, ou une seule, ou pas du tout.

V. — Exemples de résolution numérique de triangles.

—

1er EXEMPLE.

Données : $b = 56824,35$ Inconnues : B
   $c = 42738,42$ C
   $A = 49°\text{-}24'\text{-}27'',6.$ a
                                         S

Calcul de B et C.

$$90° = 89°\text{-}59'\text{-}60''$$
$$\frac{A}{2} = 24°\text{-}42'\text{-}13'',8$$
$$\frac{B+C}{2} = 65°\text{-}17'\text{-}46'',2$$

$$\operatorname{tg} \frac{B-C}{2} = \frac{b-c}{b+c} \operatorname{cotg} \frac{A}{2}$$

$$\text{Log tg} \frac{B-C}{2} = \log(b-c) - \log(b+c) + \log \operatorname{cotg} \frac{A}{2}$$

$\log(b-c)\ldots\ldots = 4,1487855$

$\log \operatorname{cotg} \dfrac{A}{2}\ldots\ldots = 0,3372141$

$-\log(b+c)\ldots\ldots = \overline{5},0019030$

$\log \operatorname{tg} \dfrac{B-C}{2}\ldots = \overline{1},4879026$

Calcul de log (b—c).

$b - c = 14085,93.$

(308)

$\log\quad 14085\ldots\ldots\quad 1487569$
Pour 0,9   277
Pour 0,03 ...   9

$\log(b-c)\ldots\ldots = 4,1487855$

$\dfrac{B+C}{2} = 65°\text{-}17'\text{-}46'',2$

$\dfrac{B-C}{2} = 17°\text{-} 5'\text{-}41'',2$

$B = 82°\text{-}23'\text{-}27'',4$
$C = 48°\text{-}12'\text{-} 5'',0$

Calcul de log (b+c).

$b + c = 99562,77.$

(44)

$\log\quad 99562\ldots\ldots\quad 9980936$
Pour 0,7 ...   31
Pour 0,07 ...   3

$\log(b+c)\ldots\ldots = 4,9980970$
$-\log(b+c)\ldots\ldots = \overline{5},0019030$

Calcul de log cotg $\dfrac{A}{2}$.

$$\dfrac{A}{2}=24°\text{-}42'\text{-}13'',8.$$

(554)

$$
\begin{aligned}
&\text{log cotg } 24°\text{-}42'\text{-}20''\ldots 0,3371798\\
&\quad\text{Pour }\ -6''\qquad\qquad 332.4\\
&\quad\text{Pour }\ -0'',2\qquad\quad\ \ 11.08\\
\hline
&\text{log cotg }\dfrac{A}{2}=0,3372141.
\end{aligned}
$$

Calcul de $\dfrac{B-C}{2}$ par log tg $\dfrac{B-C}{2}$.

$$\log \text{tg}\ \dfrac{B-C}{2}=\overline{1},4879026.$$

(749)

$$
\begin{aligned}
&\text{Pour } \overline{1},4878932\ldots\quad 17°\text{-}5'\text{-}40''\\
&\quad 1^{er}\text{ reste. }\ 940\qquad\qquad\ \ 1''\\
&\quad 2^{e}\ \ \text{id. }\ 1910\qquad\qquad 0'',2\\
\hline
&\qquad\qquad\dfrac{B-C}{2}=17°\text{-}5'\text{-}41'',2
\end{aligned}
$$

Calcul de a.

$$a=\dfrac{b\sin A}{\sin B},$$

$$\log a=\log b+\log\sin A-\log\sin B.$$

$$
\begin{aligned}
\log b\ldots &= 4,7545345\\
\log\sin A\ldots &= \overline{1},8804468\\
-\log\sin B &= 0,0038410\\
\log a\ldots &= 4,6388223\\
a\ldots &= 43533,37
\end{aligned}
$$

Calcul de log b.

$$b=56824,35 \qquad (76)$$

$$
\begin{aligned}
&\log 56824\ldots\ldots\ldots\ldots\quad 7545318\\
&\quad\text{Pour } 0,3\ldots\ldots\ldots\ldots\quad\ \ 23\\
&\quad\text{Pour } 0,05\ldots\ldots\ldots\ldots\quad\ \ 4\\
\hline
&\log b\ldots\ldots\ldots\ldots =4,7545345
\end{aligned}
$$

Calcul de log sin A.

$$A=49°\text{-}24'\text{-}27'',6. \qquad (180)$$

$$
\begin{aligned}
&\log\sin 49°\text{-}24'\text{-}20''\qquad \overline{1},8804331\\
&\quad\text{Pour }\ 7''\qquad\qquad\quad 126.0\\
&\quad\text{Pour }\ 0'',6\qquad\qquad\ \ 10.80\\
\hline
&\log\sin A\ldots =\overline{1},8804468.
\end{aligned}
$$

Calcul de — log sin B.

$$B = 82^\circ\text{-}23'\text{-}27'',4. \qquad (28)$$

log sin 82°-23'-20"	$\overline{1},9961569$
Pour 7"	9,6
Pour 0",4	1.12

$$\text{log sin B} \ldots\ldots\ldots = \overline{1},9961590$$
$$\text{— log sin B} \ldots\ldots\ldots = 0,0038410$$

Calcul de a par son log.

$$\log a = 4,6388223. \qquad (100)$$

Pour 6388186	43533
1er reste 37	0.3
2^e id. 70	0.07

$$a = 43533.37$$

Calcul de S.

$$S = \frac{bc}{2} \sin A,$$

$$\text{Log S} = \log b + \log c + \log \sin A - \log 2.$$

log b	$= 4,7548345$
log c	$= 4,6308185$
log sin A	$= \overline{1},8804468$
— log 2	$= \overline{1},6989700$
log S	$= 8,9647698$
S	$= 922082600$

Calcul de log c

$$c = 42738,42 \qquad (102)$$

log 42738	6308142
Pour 0,4	41
Pour 0,02	2
log c	$= 4,6308185$

$$\log 2 \ldots\ldots\ldots = 0,3010300$$
$$\text{— } \log 2 \ldots\ldots\ldots = \overline{1},6989700$$

Calcul de S par son log.

$$\log S = 8,9647698 \qquad (47)$$

Pour 9647686	92208
1er Reste 12	0,2
2e id. 30	0,06
	92208,26
S	$= 922082600$

7

2° EXEMPLE.

Données: $a = 32845,24$ Inconnues : A
$B = 48°\text{-}52'\text{-}17'',6$ b
$C = 64°\text{-}27'\text{-}55'',8.$ c
     S

Calcul de A.

$$180° = 179°\text{-}59'\text{-}60''$$
$$B + C = 113°\text{-}20'\text{-}13'',4$$
$$A = 66°\text{-}39'\text{-}46'',6.$$

Calcul de b.

$$b = \frac{a \sin B}{\sin A}.$$

$$\log b = \log a + \log \sin B - \log \sin A.$$

$\text{Log } a \ldots\ldots = 4,5164725$
$\log \sin B \ldots = \bar{1},8769316$
$-\log \sin A \ldots = 0,0370673$
$\log b \ldots\ldots = 4,4304714$
$b = 26944,57$

Calcul de log a.

$a = 32845,24$ (182)
$\log 32845 \ldots\ldots\ldots\ldots\ldots\; 5164693$
Pour $0,2 \ldots\ldots\ldots\ldots\;\; 26.4$
Pour $0,04 \ldots\ldots\ldots\ldots\; 5.28$
5164724.68
$\log a \ldots\ldots\ldots\ldots = 4,5164725$

Calcul de log sin B

$B = 48°\text{-}52'\text{-}17'',6$ (184)
$\log \sin 48°\text{-}52'\text{-}10'' \ldots \bar{1},8769176$
Pour $7'' \ldots$ 128.8
Pour $0'',6 \ldots$ 11.04
$\bar{1},8769315.84$
$\log \sin B \ldots\ldots = \bar{1},8769316$

Calcul de log sin A.

$A = 66°\text{-}39'\text{-}46'',6$ (91)
$\text{Log} \sin 66°\text{-}39'\text{-}40'' \ldots \bar{1},9629267$
Pour $6'' \ldots$ 54.6
Pour $0'',6$ 5.46
$\bar{1},9629327.06$
$\log \sin A \ldots\ldots = \bar{1},9629327$
$-\log \sin A \ldots\ldots = 0,0370673$

Calcul de b par son log.

$$\text{Log } b = 4,4304714 \qquad (161)$$

Pour 4304621.............. 26944
   1er reste 93........... 0.5
   2^e — 120......... 0.07
$$b = 26944,57$$

Calcul de c.

$$c = \frac{a \sin C}{\sin A} \; ; \quad \log c = \log a + \log \sin C - \log \sin A.$$

$\log a \ldots = 4,5164725$
$\log \sin C .. = \overline{1},9553634$
$-\log \sin A .. = 0,0370673$
$\log c = 4,5089032$
$c = 32277,74$

Calcul de log sin C.
$$C = 64°\text{-}27'\text{-}55'',8.$$
$$(100)$$
$\log \sin 64°\text{-}27'\text{-}50'' = \overline{1},9553576.$
  Pour 5''   50.0
  Pour 0'',8   8.00
$$\log \sin C = \overline{1},9553634.$$

Calcul de c par log.

$$\text{Log } c = 4,5089032. \qquad (134)$$

Pour 5088932........ 32277
  1er reste 100........ 0.7
  2^e — 550....... 0.04
$$c = 32277.74$$

Calcul de S.

$$S = \frac{a^2 \sin B \sin C}{2 \sin A}.$$

$$\text{Log } S = 2\log a + \log \sin B + \log \sin C - \log 2 - \log \sin A.$$

$2\log a \ldots = 9,0329450$
$\log \sin B .. = \overline{1},8769346$
$\log \sin C .. = \overline{1},9553634$
$-\log \sin A .. = 0,0370673$
$-\log 2 \ldots = \overline{1},6989700$
$\log S = 8,6012773$

Calcul de S par son log.
$$\text{Log } S = 8,6012773.$$
$$(109)$$
Pour 6012667....... 39927
  1er reste 106...... 0.9
  2e — 80..... 0.07
$$S = 3992797.00$$

3e EXEMPLE.

Données : $a = 57845,34$ Inconnues   A
          $b = 48356,44$ B
          $c = 35956,74$ C
                                            S

Calculs auxiliaires.

$p = 71079,26$ $p-b = 22722,82$
$p-a = 13233,92$ $p-c = 35122,52$

Calcul de log p.   *Calcul de log $(p-b)$.*

$p = 71079,26.$ $p-b = 22722,82.$

               (dif. 61)   (dif. 191)

log 71079..........	8517413	log 22722..........	3564466
pour 0,2	12	pour 0,8.........	153
pour 0,06.......	4	pour 0,02........	4
log p .... $= 4,8517429$		log $(p-b)$.... $= 4,3564623$	
$-$log p .... $= \bar{5},1482571$		$-$log $(p-b)$.... $= \bar{5},6435377$	

Calcul de log $(p-a)$.   *Calcul de log $(p-c)$.*

$p-a = 13233,92$ $p-c = 35122,52.$

               (328)   (dif. 124)

log 13233..........	1216583	log 35122..........	5455792
pour 0,9	295	pour 0,5........	62
pour 0,02	7	pour 0,02........	2
log $(p-a)$.... $= 4,1216885$		log $(p-c)$.... $= 4,5455856$	
$-$log $(p-a)$.... $= \bar{5},8783115$		$-$log $(p-c)$.... $= \bar{5},4544144$	

Calcul de A.

$$\text{tg } \frac{A}{2} = \sqrt{\frac{(p-b)(p-c)}{p(p-a)}}.$$

$$\log \text{tg } \frac{A}{2} = \frac{1}{2}\left\{\log(p-b)+\log(p-c)-\log p-\log(p-a)\right\}$$

$\log(p-b) = 4,3564623$

$\log(p-c) = 4,5455856$

$-\log p \dots = \overline{5},1482571$

$-\log(p-a) = \overline{5},8783115$

$\overline{1},9286165$

$\log \text{tg } \dfrac{A}{2} = \overline{1},9643082$

Calcul de A par log tg $\dfrac{A}{2}$.

$$\log \text{tg } \frac{A}{2} = \overline{1},9643082.$$

(dif. 423)

Pour $\overline{1},9642923 \dots\dots$ $42^\circ\text{-}38'\text{-}50''$

1er reste $1590 \dots$ $3''$

2^e id. $3210 \dots$ $0'',7$

$$\frac{A}{2} = 42^\circ\text{-}38'\text{-}53'',7$$

$$A = 85^\circ - 17' - 47'',4$$

Calcul de B.

$$\text{tg } \frac{B}{2} = \sqrt{\frac{(p-a)(p-c)}{p(p-b)}}.$$

$$\log \text{tg } \frac{B}{2} = \frac{1}{2}\left\{\log(p-a)+\log(p-c)-\log p-\log(p-b)\right\}$$

$\log(p-a) = 4,1216885$

$\log(p-c) = 4,5455856$

$-\log p \dots = \overline{5},1482571$

$-\log(p-b) = \overline{5},6435377$

$\overline{1},4590689$

$\log \text{tg } \dfrac{B}{2} = \overline{1},7295344$

Calcul de B par log tg $\dfrac{B}{2}$.

$$\log \text{tg } \frac{B}{2} = \overline{1},7295344$$

(dif. 505)

Pour $\overline{1},7295252 \dots\dots$ $28^\circ\text{-}12'\text{-}40''$

1er reste $920 \dots$ $1''$

2^e id. $4150 \dots$ $0'',8$

$$\frac{B}{2} = 28^\circ\text{-}12'\text{-}41'',8$$

$$B = 56^\circ\text{-}25'\text{-}23'',6$$

Calcul de C.

$$\operatorname{tg}\frac{C}{2} = \sqrt{\frac{(p-a)(p-b)}{p(p-c)}}.$$

$$\log \operatorname{tg}\frac{C}{2} = \frac{1}{2}\left\{\log(p-a)+\log(p-b)-\log p-\log(p-c)\right\}$$

$\log(p-a)=4,1216885$
$\log(p-b)=4,3564623$
$-\log p\ldots\ldots=5,1482571$
$-\log(p-c)=\overline{5},4544144$
$\overline{\overline{1},0808223}$

$\log \operatorname{tg}\dfrac{C}{2}=\overline{1},5404144$

Calcul de C par $\log \operatorname{tg}\dfrac{C}{2}$.

$\log \operatorname{tg}\dfrac{C}{2}=\overline{1},5404144.$ (dif. 680)

Pour $\overline{1}.5403812\ldots\ldots$ $19°\text{-}8'\text{-}20''$
1er reste $2990\ldots$ $4''$
2^e id. $2700..$ $0'',3$
$\dfrac{C}{2}=19°\text{-}8'\text{-}24'',3$
$C=38°\text{-}16'\text{-}48'',6$

Calcul de S.

$$S=\sqrt{p(p-a)(p-b)(p-c)}.$$

$$\operatorname{Log} S=\frac{1}{2}\left\{\log p+\log(p-a)+\log(p-b)+\log(p-c).\right\}$$

$\log p\ldots\ldots=4,8517429$
$\log(p-a)=4,1216885$
$\log(p-b)=4,3564623$
$\log(p-c)=4,5455856$
$\overline{17,8754793}$
$\log S=8,9377396$

Calcul de S par son log.

$\operatorname{Log} S=8,9377396.$
(Dif. 50)

Pour $9377385\ldots\ldots\ldots$ 86644
1er reste $11\ldots\ldots\ldots$ $0,2$
2e id. $10\ldots\ldots\ldots$ 0.02
$\overline{86644,22}$
$S=866442200.$

LIVRE IV.

APPLICATIONS DE LA TRIGONOMÉTRIE.

I. — Applications Théoriques

PROBLÈME I.

*Exprimer le rayon de la circonférence circonscrite à un
triangle, au moyen des éléments de ce triangle.*

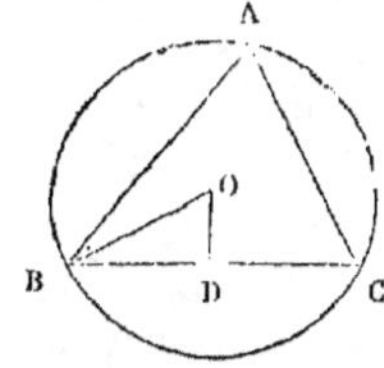

1° Soient ABC le triangle proposé, $OB = R$
le rayon de la circonférence circonscrite,
OD la perpendiculaire menée du centre sur
le côté BC. Le triangle rectangle BOD
donne

$$BD = BO \sin BOD = BO \sin BAC,$$

ou

$$\frac{a}{2} = R \sin A.$$

On en tire :

$$R = \frac{a}{2 \sin A}$$

On trouverait de même

$$R = \frac{b}{2 \sin B} = \frac{c}{2 \sin C}$$

2º Si dans l'égalité $R = \dfrac{a}{2\sin A} = \dfrac{b}{2\sin B} = \dfrac{c}{2\sin C}$, on fait la somme des numérateurs et des dénominateurs, il vient

$$R = \frac{a+b+c}{2(\sin A + \sin B + \sin C)},$$

$$= \frac{p}{4\cos \dfrac{A}{2} \cos \dfrac{B}{2} \cos \dfrac{C}{2}}.$$

3º Enfin si dans la formule $R = \dfrac{a}{2\sin A}$, on remplace $\sin A$ par sa valeur $\dfrac{2}{bc} \sqrt{p(p-a)(p-b)(p-c)}$, il vient :

$$R = \frac{abc}{4\sqrt{p(p-a)(p-b)(p-c)}},$$

$$= \frac{abc}{4S}.$$

PROBLÈME II.

Exprimer les rayons de la circonférence inscrite et des circonférences ex-inscrites à un triangle, au moyen des éléments de ce triangle.

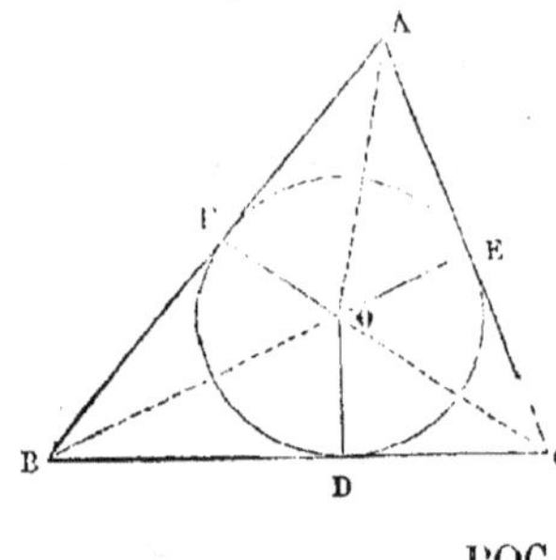

1º Soient ABC le triangle proposé, D, E, F les points de contact de ses côtés avec la circonférence inscrite ; les droites OD, OE, OF sont toutes trois égales au rayon r de cette circonférence. On a d'après cela :

$$BOC = BC \times \frac{OD}{2} = \frac{ar}{2}$$

$$AOC = AC \times \frac{OE}{2} = \frac{br}{2}$$

$$AOB = AB \times \frac{OF}{2} = \frac{cr}{2}.$$

On en tire par addition :

$$\text{ABC ou } S = (a+b+c)\,\frac{r}{2}$$

$$= pr.$$

Par suite :

$$r = \frac{S}{p} = \frac{\sqrt{p\,(p-a)\,(p-b)\,(p-c)}}{p}$$

$$= \sqrt{\frac{(p-a)\,(p-b)\,(p-c)}{p}}.$$

2° La ligne AO étant bissectrice de l'angle A, (même fig.) le triangle AOF donne :

$$OF = AF \; \text{tg} \; OAF$$

ou

$$r = AF \, \text{tg} \, \frac{A}{2}.$$

Or, on a successivement :

$$2AF = AF + AE$$
$$= AB - BF + AC - CE$$
$$= AB - BD + AC - CD$$
$$= AB + AC - BC$$
$$= b + c - a = 2(p-a),$$

et

$$AF = p - a.$$

Donc :

$$r = (p-a) \, \text{tg} \, \frac{A}{2}.$$

On trouverait de même

$$r = (p-b) \, \text{tg} \, \frac{B}{2} = (p-c) \, \text{tg} \, \frac{C}{2}.$$

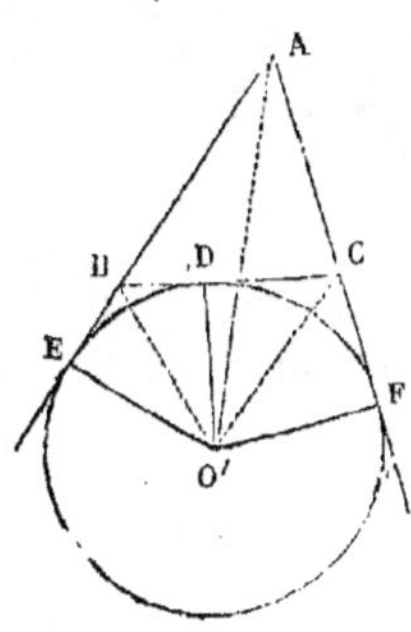

3° Soient O' le centre de la circonférence ex-inscrite au triangle ABC, et située dans l'angle A, $O'E = r'$ son rayon. On a

$$ABC = ABO' + ACO' - BCO',$$

ou

$$S = \frac{cr'}{2} + \frac{br'}{2} - \frac{ar'}{2}$$

$$= (c+b-a)\,\frac{r'}{2}$$

$$= (p-a)\,r'.$$

On en tire :

$$r' = \frac{S}{p-a} = \frac{\sqrt{p\,(p-a)\,(p-b)\,(p-c)}}{p-a}$$

$$= \sqrt{\frac{p\,(p-b)\,(p-c)}{p-a}}.$$

On trouverait de même, en désignant par r'' et r''' les rayons des deux autres circonférences ex-inscrites :

$$r'' \quad \frac{S}{p-b} \quad \sqrt{\frac{p\,(p-a)\,(p-c)}{p-b}}$$

$$r''' \quad \frac{S}{p-c} = \sqrt{\frac{p\,(p-a)\,(p-b)}{p-c}}.$$

4° O′ étant encore le centre de la circonférence ex-inscrite relative à l'angle A, AO′ est la bissectrice de l'angle A, et le triangle EAO′ donne :

$$O'E \text{ ou } r' = AE \, \text{tg} \, \frac{A}{2}.$$

Or on a successivement

$$2AE = AE + AF$$
$$= AB + BE + AC + CF$$
$$= AB + BD + AC + CD$$
$$= AB + AC + BC = 2p,$$

et
$$AE = p.$$

Donc

$$r' = p \, \text{tang} \, \frac{A}{2}.$$

On trouverait de même

$$r'' = p \, \text{tang} \, \frac{B}{2}, \text{ et } r''' = p \, \text{tg} \, \frac{C}{2}.$$

5° Si l'on observe que BO′ est bissectrice de l'angle EBC, c'est-à-dire du supplément de l'angle B, le triangle EBO′ donne

$$EO' \text{ ou } r' = EB \, \text{tg} \, EBO' = EB \, \text{cotg} \, \frac{B}{2}.$$

Or

$$EB = AE - AB = p - c.$$

Donc

$$r' = (p-c)\cotg \frac{B}{2}.$$

On trouverait de même

$$r' = (p-b)\cotg \frac{C}{2}.$$

On obtient par des raisonnements semblables, des formules analogues pour r'' et r'''.

PROBLÈME III.

Résoudre un triangle, connaissant sa base a, son angle au sommet A, et la somme $b+c=m$ de ses deux autres côtés.

On a d'abord

$$\frac{B+C}{2} = 90^{\circ} - \frac{A}{2}.$$

D'autre part, la relation

$$\frac{\sin A}{a} = \frac{\sin B}{b} = \frac{\sin C}{c},$$

donne

$$\frac{\sin B + \sin C}{b+c} = \frac{\sin A}{a},$$

ou

$$\frac{2\sin \dfrac{B+C}{2} \cos \dfrac{B-C}{2}}{b+c} = \frac{2\sin \dfrac{A}{2} \cos \dfrac{A}{2}}{a}.$$

Or, à cause de

$$\sin \frac{B+C}{2} = \cos \frac{A}{2},$$

cette formule donne

$$\cos \frac{B-C}{2} = \frac{b+c}{a} \sin \frac{A}{2},$$

et fait connaître $\dfrac{B-C}{2}$.

Si donc on pose

$$\frac{B+C}{2} = \alpha, \quad \frac{B-C}{2} = \beta,$$

il vient

$$B = \alpha + \beta, \quad C = \alpha - \beta,$$

et l'on connaît ainsi les deux angles B et C du triangle.

Les côtés b et c sont ensuite donnés par les formules

$$b = \frac{a\sin B}{\sin A}, \quad c = \frac{a\sin C}{\sin A}.$$

Discussion. — La seule condition pour que le problème soit possible, c'est que la valeur de $\cos\frac{B-C}{2}$ soit moindre que 1, ce qui donne

$$\frac{b+c}{a}\sin\frac{A}{2} < 1.$$

ou

$$b+c < \frac{a}{\sin\frac{A}{2}},$$

ou enfin

$$m < \frac{a}{\sin\frac{A}{2}}.$$

Or, on reconnaît aisément que si sur a comme base, on construit un triangle isocèle dont l'angle au sommet soit A, chacun des côtés latéraux de ce triangle est égal à $\frac{a}{2\sin\frac{A}{2}}$. La condition précédente signifie donc que la somme donnée m, doit être moindre que la somme des côtés latéraux du triangle isocèle qui a pour base a et pour angle au sommet A, ou en d'autres termes, que la somme m est maximum quand le triangle proposé est isocèle.

<h3 style="text-align:center">PROBLÈME IV.</h3>

Résoudre un triangle connaissant son périmètre $2p$ et ses angles A, B, C.

On a

$$\frac{a}{\sin A} = \frac{b}{\sin B} = \frac{c}{\sin C}$$

Or si l'on fait la somme des numérateurs et celle des dénominateurs de ces trois rapports égaux, on voit que chacun d'eux est égal à

$$\frac{a+b+c}{\sin A+\sin B+\sin C}, \text{ ou à } \frac{p}{2\cos\dfrac{A}{2}\cos\dfrac{B}{2}\cos\dfrac{C}{2}}.$$

On a donc

$$\frac{a}{\sin A} = \frac{p}{2\cos\dfrac{A}{2}\cos\dfrac{B}{2}\cos\dfrac{C}{2}},$$

d'où :

$$a = \frac{p\sin A}{2\cos\dfrac{A}{2}\cos\dfrac{B}{2}\cos\dfrac{C}{2}} = \frac{2p\sin\dfrac{A}{2}\cos\dfrac{A}{2}}{2\cos\dfrac{A}{2}\cos\dfrac{B}{2}\cos\dfrac{C}{2}},$$

$$= \frac{p\sin\dfrac{A}{2}}{\cos\dfrac{B}{2}\cos\dfrac{C}{2}}.$$

De même

$$b = \frac{p\sin\dfrac{B}{2}}{\cos\dfrac{A}{2}\cos\dfrac{C}{2}}, \quad c = \frac{p\sin\dfrac{C}{2}}{\cos\dfrac{A}{2}\cos\dfrac{B}{2}}.$$

— On peut résoudre le même problème d'une manière tout-à-fait différente.

On a en effet :

$$\operatorname{tg}\frac{A}{2} = \sqrt{\frac{(p-b)(p-c)}{p(p-a)}}.$$

$$\operatorname{tg}\frac{B}{2} = \sqrt{\frac{(p-a)(p-c)}{p(p-b)}}.$$

En multipliant ces égalités membre à membre on trouve

$$\operatorname{tg}\frac{A}{2}\operatorname{tg}\frac{B}{2} = \sqrt{\frac{(p-c)^2}{p^2}} = \frac{p-c}{p}.$$

On en tire

$$p - c = p \operatorname{tg} \frac{A}{2} \operatorname{tg} \frac{B}{2},$$

et cette formule permet de calculer par logarithmes $p - c$ dont la connaissance entraine celle de c.

On trouve de même

$$p - b = p \operatorname{tg} \frac{A}{2} \operatorname{tg} \frac{C}{2}$$

$$p - a = p \operatorname{tg} \frac{B}{2} \operatorname{tg} \frac{C}{2}.$$

PROBLÈME V.

Résoudre un triangle ABC, *connaissant l'angle* A *et les sommes* $a + b$, $a + c$.

Désignons les sommes données $a + b$, $a + c$ par m et n.

D'abord la relation

$$\frac{a}{\sin A} = \frac{b}{\sin B} = \frac{c}{\sin C},$$

donne :

$$\frac{2a + b + c}{2 \sin A + \sin B + \sin C} = \frac{b - c}{\sin B - \sin C}.$$

Si l'on remarque qu'on a

$$2a + b + c = m + n$$

$$b - c = m - n$$

$$2 \sin A = 4 \sin \frac{A}{2} \cos \frac{A}{2}$$

$$\sin B + \sin C = 2 \sin \frac{B + C}{2} \cos \frac{B - C}{2} = 2 \cos \frac{A}{2} \cos \frac{B - C}{2}$$

$$\sin B - \sin C = 2 \sin \frac{A}{2} \sin \frac{B - C}{2},$$

cette équation devient

$$\frac{(m+n)}{2\sin\dfrac{A}{2}\cos\dfrac{A}{2}+\cos\dfrac{A}{2}\cos\dfrac{B-C}{2}}=\frac{m-n}{\sin\dfrac{A}{2}\sin\dfrac{B-C}{2}}$$

ou

$$(m+n)\sin\frac{A}{2}\sin\frac{B-C}{2}=2(m-n)\sin\frac{A}{2}\cos\frac{A}{2}+(m-n)\cos\frac{A}{2}\cos\frac{B-C}{2}$$

ou enfin

$$(m+n)\sin\frac{B-C}{2}-(m-n)\operatorname{cotg}\frac{A}{2}\cos\frac{B-C}{2}=2(m-n)\cos\frac{A}{2},$$

et elle ne contient plus que l'inconnue $\dfrac{B-C}{2}$.

Or, quand on a à résoudre une équation de la forme

$$p\sin x-q\cos x=r,$$

on l'écrit d'abord

$$\sin x-\frac{q}{p}\cos x=\frac{r}{p},$$

puis l'on pose :

$$\operatorname{tg}\varphi=\frac{q}{p}.$$

L'équation prend alors la forme :

$$\sin x-\operatorname{tg}\varphi\cos x=\frac{r}{p},$$

ou $$\sin x\cos\varphi-\sin\varphi\cos x=\frac{r}{p}\cos\varphi,$$

c'est-à-dire

$$\sin(x-\varphi)=\frac{r}{p}\cos\varphi.$$

Elle fait alors connaître $x-\varphi$ et par suite x.

— Dans le cas de l'équation

$$(m+n)\sin\frac{B-C}{2}-(m-n)\operatorname{cotg}\frac{A}{2}\cos\frac{B-C}{2}=2(m-n)\cos\frac{A}{2},$$

on posera

$$\tan\varphi=\frac{m-n}{m+n}\operatorname{cotg}\frac{A}{2},$$

et il viendra :

$$\sin\left(\frac{B-C}{2}-\varphi\right)=2\sin\varphi\sin\frac{A}{2}.$$

Cette équation donnera $\dfrac{B-C}{2}-\varphi$ et par suite $\dfrac{B-C}{2}$.

Comme d'ailleurs $\dfrac{B+C}{2}$ complément de $\dfrac{A}{2}$, est connu à priori, on connaît par suite A et B.

Pour avoir a, on a recours à la relation

$$\frac{a}{\sin A}=\frac{b}{\sin B}=\frac{c}{\sin C}=\frac{a+b}{\sin A+\sin B}=\frac{m}{2\sin\dfrac{A+B}{2}\cos\dfrac{A-B}{2}},$$

qui donne

$$a=\frac{m\sin A}{2\sin\dfrac{A+B}{2}\cos\dfrac{A-B}{2}}.$$

Et de même pour b et c.

Discussion. — La première condition pour que le problème soit possible, c'est que la valeur de $\sin\dfrac{B-C}{2}-\varphi$ soit admissible, c'est-à-dire qu'on ait :

$$2\sin\varphi\sin\frac{A}{2}<1.$$

Or, la formule

$$\operatorname{tang}\varphi=\frac{m-n}{m+n}\operatorname{cotg}\frac{A}{2},$$

montre que l'angle φ est moindre que $90°-\dfrac{A}{2}$.

On a donc :

$$\sin\varphi<\cos\frac{A}{2}$$

et par suite

$$2\sin\varphi\sin\frac{A}{2}<\sin A.$$

La valeur de $\sin\left(\dfrac{B-C}{2}-\varphi\right)$ est donc toujours moindre que 1, et par conséquent toujours admissible.

D'ailleurs, des deux valeurs qu'elle fournit pour $\dfrac{B-C}{2}-\varphi$, une seule convient à la question ; car si nous désignons par α la plus petite des valeurs de $\dfrac{B-C}{2}-\varphi$, ce qui donne $\dfrac{B-C}{2}=\varphi+\alpha$, l'autre $180°-\alpha$, fournirait pour $\dfrac{B-C}{2}$ la valeur $180+\varphi-\alpha$ qui est à rejeter, comme étant supérieure à $90°$.

Il faut ensuite que les valeurs de B et C savoir

$$B=90°-\frac{A}{2}+\alpha+\varphi \quad \text{et} \quad C=90°-\frac{A}{2}-\alpha-\varphi,$$

soient positives et donnent une somme moindre que 180°.

Or, d'abord la somme $B+C$ étant égale à $180°-A$ est moindre que 180°. Quant à l'angle B, il est la somme de deux angles positifs $90°-\dfrac{A}{2}$, et $\alpha+\varphi$, et est toujours positif. Reste donc à exprimer que C lui-même est positif, c'est-à-dire qu'on a :

$$90°-\frac{A}{2}-\alpha-\varphi>0,$$

ou
$$\alpha<90°-\frac{A}{2}-\varphi.$$

Mais $90°-\dfrac{A}{2}-\varphi$ est positif, puisque comme nous l'avons vu plus haut, φ est moindre que $90°-\dfrac{A}{2}$. Comme d'ailleurs il est moindre que 90°, on peut écrire :

$$\sin\alpha<\sin(90°-\frac{A}{2}-\varphi).$$

Si maintenant on développe le second membre, et qu'on

remplace $\sin\alpha$ par sa valeur $2\sin\varphi\sin\dfrac{A}{2}$, il vient après réduction :

$$\operatorname{tg}\varphi < \frac{1}{3}\operatorname{cotg}\frac{A}{2},$$

ou

$$\frac{m-n}{m+n}\operatorname{cotg}\frac{A}{2} < \frac{1}{3}\operatorname{cotg}\frac{A}{2},$$

ou enfin

$$\frac{m-n}{m+n} < \frac{1}{3}, \text{ d'où } m < 2n.$$

Ainsi la condition nécessaire et suffisante pour que la valeur de C soit admissible, c'est que l'une des sommes données soit moindre que le double de l'autre.

D'ailleurs cette condition est la seule, car dès que B et C peuvent être calculés, les valeurs de a, b et c s'en suivent.

PROBLÈME VI.

Étant donnés les quatre côtés d'un quadrilatère inscrit, calculer ses angles, la longueur de ses diagonales et sa surface.

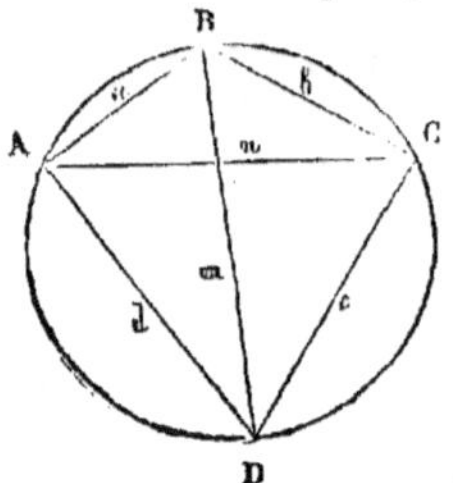

1° *Calcul des angles.* — Désignons les côtés AB, BC, CD, DA respectivement par a, b, c, d. Les triangles BAD, BCD donnent :

$$\overline{BD}^2 = \overline{BA}^2 + \overline{AD}^2 - 2\,BA \times AD\cos BAD,$$
$$= a^2 + d^2 - 2ad\cos A ;$$

$$\overline{BD}^2 = \overline{BC}^2 + \overline{CD}^2 - 2\,BC \times CD\cos BCD,$$
$$= b^2 + c^2 - 2bc\cos C,$$
$$= b^2 + c^2 + 2bc\cos A.$$

Si nous égalons les deux valeurs de $\overline{BD}^2$, il vient successivement :

$$b^2 + c^2 + 2bc\cos A = a^2 + d^2 - 2ad\cos A,$$
$$(2bc + 2ad)\cos A = a^2 + d^2 - b^2 - c^2,$$
$$\cos A = \frac{a^2 + d^2 - b^2 - c^2}{2bc + 2ad}.$$

Cette formule fait connaître l'angle A et par suite son supplément l'angle C. En permutant les lettres a, b, c, d, on en déduit celle qui donne $\cos B$ ou $-\cos D$.

On déduit aisément de la formule précécente, les formules qui donnent $\sin \dfrac{A}{2}$, $\cos \dfrac{A}{2}$, $\operatorname{tg} \dfrac{A}{2}$ et $\sin A$.

D'abord si dans la relation

$$2\cos^2 \frac{A}{2} = 1 + \cos A,$$

on substitue à $\cos A$ sa valeur, il vient successivement :

$$2\cos^2 \frac{A}{2} = 1 + \frac{a^2 + d^2 - b^2 - c^2}{2bc + 2ad},$$

$$= \frac{2bc + 2ad + a^2 + d^2 - b^2 - c^2}{2bc + 2ad},$$

$$= \frac{(a+d)^2 - (b-c)^2}{2bc + 2ad},$$

$$= \frac{(a+d+b-c)(a+d-b+c)}{2bc + 2ad}.$$

Or si l'on pose

$$a + b + c + d = 2p,$$

il vient

$$a + d + b - c = 2(p - c),$$

et

$$a + d + c - b = 2(p - b),$$

et par suite

$$2\cos^2 \frac{A}{2} = \frac{4(p-b)(p-c)}{2bc + 2ad}.$$

$$\cos \frac{A}{2} = \sqrt{\frac{(p-b)(p-c)}{bc + ad}}.$$

— En substituant à $\cos A$ sa valeur dans la relation

$$2\sin^2 \frac{A}{2} = 1 - \cos A,$$

on trouve par un calcul tout pareil

$$\sin \frac{A}{2} = \sqrt{\frac{(p-a)(p-d)}{bc + ad}}.$$

— Enfin en mettant les valeurs $\sin \dfrac{A}{2}$, et de $\cos \dfrac{A}{2}$ qui viennent d'être établies, dans les relations

$$\operatorname{tg} \frac{A}{2} = \frac{\sin \dfrac{A}{2}}{\cos \dfrac{A}{2}}, \text{ et } \sin A = 2\sin \frac{A}{2}\,\cos \frac{A}{2},$$

on trouve, tout calcul fait

$$\operatorname{tg} \frac{A}{2} = \sqrt{\frac{(p-a)\,(p-d)}{(p-b)\,(p-c)}}.$$

$$\sin A = \frac{2\sqrt{(p-a)\,(p-b)\,(p-c)\,(p-d)}}{bc+ad}.$$

— En permutant les lettres a, b, c, d, on trouve des formules analogues pour les autres angles.

2° *Calcul de la surface.* — Si l'on désigne cette surface par S, on a :

$$S = BAD + BCD$$

$$= \frac{1}{2}\,ad \sin A + \frac{1}{2}\,bc \sin C.$$

$$= \frac{ad+bc}{2}\,\sin A.$$

Si dans cette formule on remplace $\sin A$ par sa valeur précédemment trouvée, il vient :

$$S = \sqrt{(p-a)\,(p-b)\,(p-c)\,(p-d)}.$$

3° *Calcul des diagonales.* — Nous avons trouvé en commençant

$$\overline{BD}^2 = a^2 + d^2 - 2ad \cos A.$$

Si nous remplaçons $\cos A$ par sa valeur $\dfrac{a^2+d^2-b^2-c^2}{2ad+2bc}$, il vient successivement :

$$\overline{BD}^2 = a^2 + d^2 - 2ad\,\frac{a^2+d^2-b^2-c^2}{2ad+2bc}$$

$$= \frac{(a^2+d^2)\,bc+(b^2+c^2)\,ad}{ad+bc}$$

$$= \frac{(ab+cd)\,(ac+bd)}{ad+bc}.$$

En permutant les lettres a, b, c, d, on trouve immédiatement :

$$\overline{AC}^2 = \frac{(ad+bc)\,(ac+bd)}{ab+cd}.$$

— Si l'on multiplie membre à membre cette égalité et la précédente, ou si on les divise, on trouve après réduction :

$$\overline{AC}^2 \times \overline{BD}^2 = (ac+bd)^2, \quad \text{d'où} \quad AC \times BD = ac+bd,$$

$$\frac{\overline{BD}^2}{\overline{AC}^2} = \frac{(ab+cd)^2}{(ad+bc)^2}, \quad \text{d'où} \quad \frac{BD}{AC} = \frac{ab+cd}{ad+bc}.$$

Ces deux dernières égalités expriment ce qu'on appelle les propriétés du quadrilatère inscrit. On les énonce en disant :

Dans tout quadrilatère inscrit : 1º *Le produit des diagonales est égal à la somme des produits des côtés opposés.* 2º *Les diagonales sont entre elles comme les sommes des produits des côtés qui aboutissent à leurs extrémités.*

II. — Applications pratiques.

PROBLÈME IV.

Mesurer une hauteur verticale AB dont le pied B est accessible.

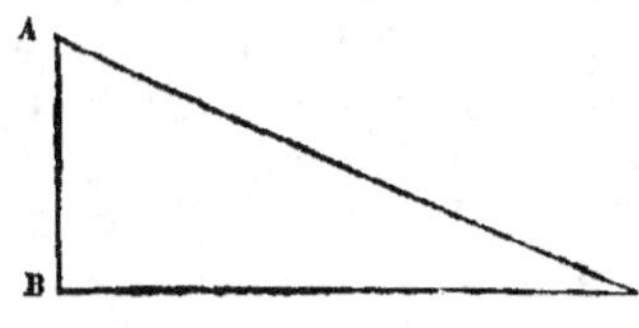

A partir du point B, on mesure sur le sol horizontal une base quelconque BC, puis à l'aide d'un graphomètre on mesure l'angle ACB. Le triangle rectangle ACB, donne alors

$$AB = BC \, \text{tg} \, ACB.$$

REMARQUE I. — A la valeur ainsi obtenue pour AB, il faut ajouter la hauteur du support du graphomètre.

REMARQUE II. — La valeur de l'angle ACB ou C, donnée par le graphomètre, n'est exacte au plus qu'à une minute près : il en résulte forcément pour AB une certaine erreur. Or nous allons montrer que cette erreur est minimum quand l'angle C est voisin de 45°.

Désignons en effet par ε l'erreur commise sur l'angle C, et pour fixer les idées supposons cet angle C approché par excès.

Soient h la hauteur AB, d la distance BC. La valeur exacte de h est $d\,\mathrm{tg}\,C$, sa valeur approchée $d\,\mathrm{tg}\,(C+\varepsilon)$. L'erreur commise sur h est donc

$$d\left\{\mathrm{tg}\,(C+\varepsilon)-\mathrm{tg}\,C\right\}.$$

Si l'on remplace dans cette expression d par $\dfrac{h}{\mathrm{tg}\,C}$, elle devient successivement :

$$h\cdot\frac{\mathrm{tg}\,(C+\varepsilon)-\mathrm{tg}\,C}{\mathrm{tg}\,C}=\frac{h\sin\varepsilon}{\mathrm{tg}\,C\cos(C+\varepsilon)\cos C},$$

$$=\frac{h\sin\varepsilon}{\sin C\cos(C+\varepsilon)}=\frac{2h\sin\varepsilon}{\sin(2C+\varepsilon)-\sin\varepsilon}.$$

Or h et ε étant des quantités constantes, le minimum de cette expression correspond au maximum de $\sin(2C+\varepsilon)$, c'est-à-dire à $2C+\varepsilon=90°$, ce qui donne à peu près $2C=90°$ et $C=45°$.

PROBLÈME V.

Mesurer une hauteur verticale AB, *dont le pied* B *est inaccessible.*

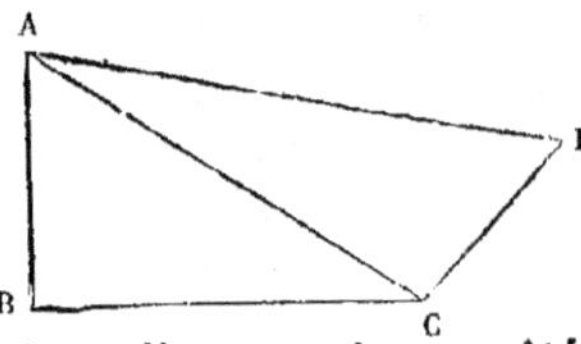

Dans le plan horizontal passant par le point B, on trace une base quelconque CD, que l'on mesure, ainsi que les angles ADC, ACD, ACB. On connaît ainsi dans le triangle CAD, le côté CD et les angles adjacents à ce côté. On peut donc calculer AC; AC une fois connu, le triangle rectangle ABC donne AB=ACsinACB.

PROBLÈME VI.

Mesurer la distance d'un point accessible A *à un point* B *inaccessible mais visible.*

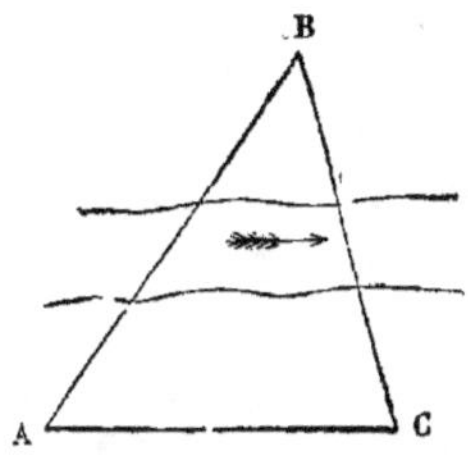

Dans un plan passant par le point A, on mesure une base quelconque AC, puis à l'aide d'un graphomètre, on détermine les angles BAC, BCA. On connaît ainsi dans le triangle ABC, un côté et les deux angles adjacents, ce qui permet de calculer le côté AB.

PROBLÈME VII.

Mesurer la distance de deux points A *et* B *inaccessibles mais visibles.*

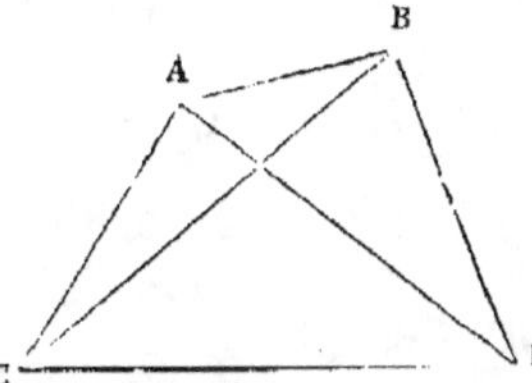

Dans un terrain plan passant ou non par AB, on mesure une base quelconque CD, puis à l'aide d'un graphomètre, on détermine les angles ACD, BCD, ACB, et les angles BDC, ADC, BDA.

On connaît ainsi, dans le triangle CAD, la base CD et les angles adjacents ACD, ADC ; on peut donc y calculer le côté CA.

De même le triangle CBD, où l'on connaît la base CD et les angles adjacents BDC, BCD, permet de calculer le côté CB.

Dès lors, dans le triangle ACB, on connaît les deux côtés CA, CB et l'angle compris ACB, et ce triangle résolu fera connaître AB.

PROBLÈME VIII.

Retrouver le point M *d'où des droites données* AB, BC *ont été vues sous des angles connus* α *et* β.

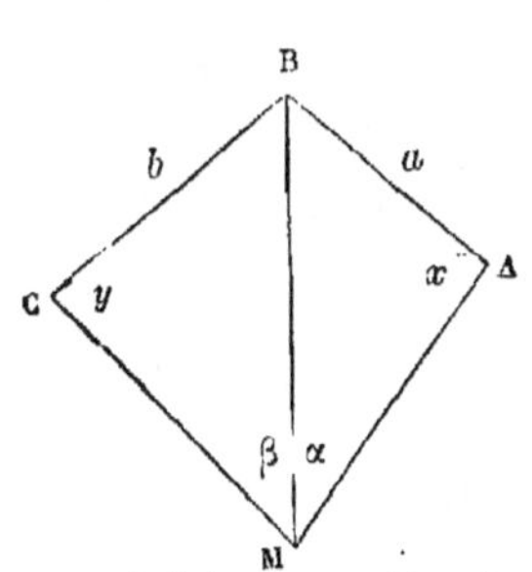

Désignons AB et BC par a et b, l'angle donné ABC par B, les angles inconnus BAM, BCM par x et y, et calculons ces derniers.

Nous avons d'abord dans le quadrilatère ABCM,

$$x+y+\alpha+\beta+B=360°$$

d'où :

$$\frac{x+y}{2}=180°-\frac{\alpha+\beta+B}{2},$$

ce qui fait connaître la demi-somme des angles inconnus.

D'autre part, les triangles ABM, CBM donnent :

$$BM = \frac{a \sin x}{\sin \alpha}, \quad BM = \frac{b \sin y}{\sin \beta}.$$

Donc :

$$\frac{a \sin x}{\sin \alpha} = \frac{b \sin y}{\sin \beta},$$

et par suite :

$$\frac{\sin x}{\sin y} = \frac{b \sin \alpha}{a \sin \beta}.$$

Or, l'expression monôme $\dfrac{b \sin \alpha}{a \sin \beta}$ ne contenant que des quantités connues, peut toujours être calculée par logarithmes.

Si nous désignons sa valeur par m, il vient :

$$\frac{\sin x}{\sin y} = m.$$

On en tire successivement :

$$\frac{\sin x - \sin y}{\sin x + \sin y} = \frac{m-1}{m+1}$$

$$\frac{2 \sin \dfrac{x-y}{2} \cos \dfrac{x+y}{2}}{2 \cos \dfrac{x-y}{2} \sin \dfrac{x+y}{2}} = \frac{m-1}{m+1}$$

$$\frac{\operatorname{tg} \dfrac{x-y}{2}}{\operatorname{tg} \dfrac{x+y}{2}} = \frac{m-1}{m+1},$$

et enfin :

$$\operatorname{tg} \frac{x-y}{2} = \frac{m-1}{m+1} \operatorname{tg} \frac{x+y}{2}.$$

Comme $\dfrac{x+y}{2}$ est déjà connu, cette formule permet de calculer $\dfrac{x-y}{2}$. Si alors nous posons

$$\frac{x+y}{2}=\gamma,\ \frac{x-y}{2}=\delta,$$

il vient

$$x=\gamma+\delta,\ \text{et}\ y=\gamma-\delta.$$

La connaissance de x et y, déterminant les directions de AM et CM, fait connaître le point M.

On peut aussi de la valeur de x, déduire celles de ABM et de BM, qui sont données par les formules

$$\text{ABM}=180^\circ-(x+\alpha),$$

et

$$\text{BM}=\frac{a\sin x}{\sin \alpha},$$

et dont la connaissance entraîne encore celle du point M.

Discussion. — Le problème est déterminé toutes les fois

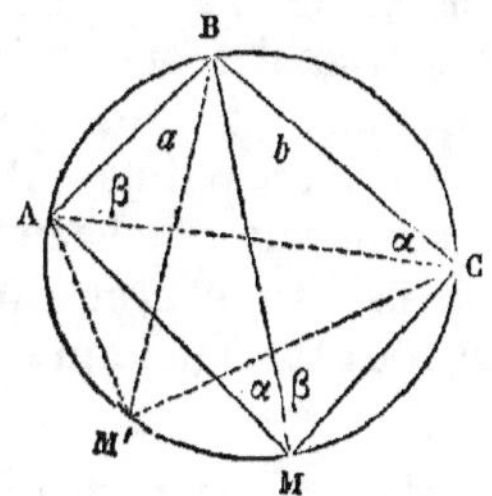

que la valeur de tg$\dfrac{x-y}{2}$ l'est elle-même; mais il cesse de l'être quand on a $m-1=0$ et tg$\dfrac{x+y}{2}=\infty$, car alors valeur de tg$\dfrac{x-y}{2}$ se présente sous la forme $0\times\infty$.

Au reste ces deux conditions $m-1=0$ et tg$\dfrac{x+y}{2}=\infty$ rentrent l'une dans l'autre. De la seconde en effet, il résulte qu'on a $\dfrac{x+y}{2}=90^\circ$, en sorte que le quadrilatère ABCM est inscriptible. Les angles BCA, BAC sont donc respectivement égaux à α et β et le triangle ABC donne

$$\frac{a}{\sin\alpha}=\frac{b}{\sin\beta},$$

d'où :

$$\frac{a\sin\beta}{b\sin\alpha}=1,\ \text{c'est-à-dire}\ m=1.$$

On comprend d'ailleurs pourquoi dans ce cas le problème est indéterminé : car M′ étant un point quelconque de la circonférence circonscrite au quadrilatère ABCM, les angles AM′B, BM′C sont respectivement égaux aux angles AMB, BMC comme inscrits dans les mêmes segments, en sorte que d'un point quelconque de cette circonférence les droites AB, BC sont vues sous les angles α et β.

Triangulation.

La triangulation est une opération géodésique à l'aide de laquelle on déduit la longueur d'une ligne donnée sur le terrain, de la longueur d'une base mesurée directement, et de la résolution d'une suite de triangles.

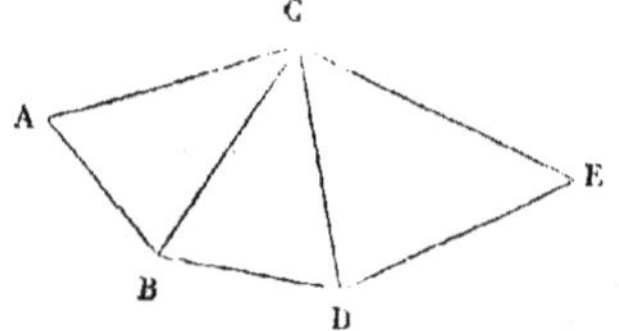

1° Soient DE la ligne dont il s'agit de déterminer la longueur, AB la base mesurée directement, et ABC, BCD, CDE une suite de triangles qui relient DE à la base : Les sommets de ces triangles sont généralement des points remarquables, tels que des sommets de clochers, ou des signaux artificiels établis sur des points culminants. Ces sommets sont choisis de telle sorte que de chacun d'eux on puisse apercevoir les sommets voisins, et mesurer par conséquent à l'aide d'un cercle, les angles des triangles qu'ils déterminent.

On conçoit d'après cela que dans le triangle ABC, la base AB sera connue ainsi que les deux angles à la base A et B. On pourra donc le résoudre, ce qui fera connaître le côté BC.

La longueur de BC une fois calculée, on connaîtra dans le triangle BCD, le côté BC et les deux angles adjacents, et la résolution de ce triangle donnera la longueur de CD.

Enfin connaissant CD ainsi que les angles C et D, on pourra résoudre le triangle CDE, ce qui fera connaître la longueur de DE.

2° Quand la ligne à mesurer a une longueur considérable, on la fractionne en portions dont on calcule séparément les longueurs.

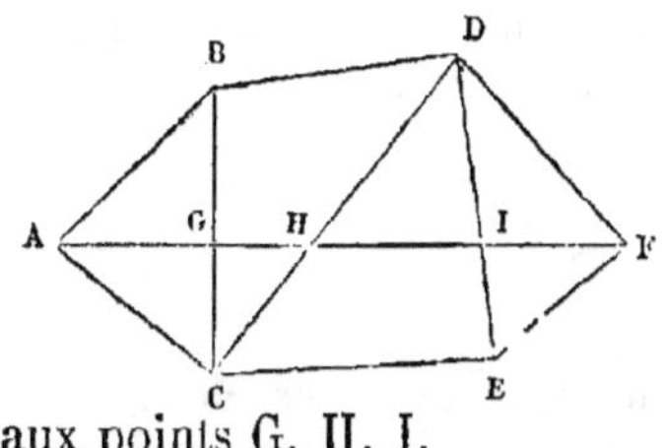

Ainsi soit AF la ligne dont on veut calculer la longueur. On marque de part et d'autre, une suite de points B, C, D, E, que l'on prend pour sommets de triangles ABC, BCD, CDE, EDF, dont les côtés rencontrent AF aux points G, H, I.

On commence par mesurer directement la base AB, ou si le terrain ne s'y prête pas, on déduit la longueur de AB, de celle d'une base mesurée sur un terrain convenable, à l'aide d'une triangulation analogue à celle qui vient d'être exposée. Quant aux angles des triangles ABC, BCD, CDE... on les mesure à l'aide d'un cercle répétiteur qui en donne les valeurs à un dixième de seconde près.

Cela fait, dans une première série de calculs, on détermine les longueurs des côtés intérieurs BC, CD, DE.

On connaît en effet dans le triangle ABC, la base AB, et les angles adjacents à cette base, et en le résolvant, on obtient la longueur du côté BC.

On connaît ainsi dans le triangle BCD, le côté BC, et les deux angles adjacents, et sa résolution fait connaître le côté CD.

Enfin la résolution du triangle CDE, donne la longueur du côté DE.

— Cette première série de calculs effectuée, on procède au calcul des différentes portions AG, GH, HI, IF de la ligne AF.

D'abord, dans le triangle ABG, on connaît le côté AB, et les deux angles adjacents A et B, et de la résolution de ce triangle, on déduit non-seulement la valeur de AG, mais celles de BG, et de l'angle G.

La connaissance de BG entraîne celle de CG, puisque BC a été précédemment calculé. On connaît donc dans le triangle GCH, le côté GC et les angles adjacents, et en le résolvant on a les valeurs de GH, HC et de l'angle H.

De même, la connaissance de HC entraîne celle de HD, et le triangle HDI fait connaître les valeurs de HI, de DI, et de l'angle I.

Enfin, le triangle IFE fournit la valeur de IF.

En réunissant les valeurs successivement calculées de AG, GH, HI et IF, on a la longueur totale de AF.

Réduction d'un angle au centre de station.

Il est rare qu'en géodésie, on puisse placer le cercle exactement au sommet des angles que l'on veut mesurer. Cela tient à la nature de ces sommets, qui sont d'ordinaire, ainsi que nous l'avons dit précédemment, des sommets de clochers, ou d'autres points inabordables.

On place donc l'instrument à une petite distance du sommet de chaque angle, et l'on mesure non cet angle lui-même, mais un angle qui en diffère légèrement. La correction qu'il faut faire subir à ce dernier pour lui rendre la valeur vraie, et que nous allons apprendre à calculer, est connue sous le nom de réduction au centre de station.

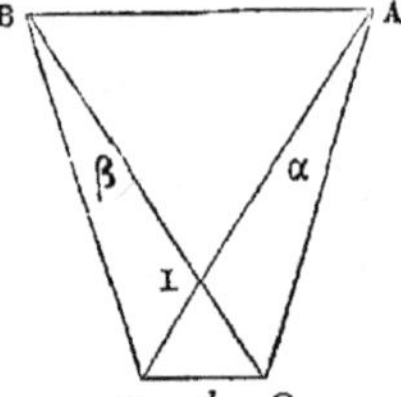

— Soit BCA l'angle proposé, BOA l'angle réellement mesuré. Désignons pour un instant par α et β les petits angles CAO, CBO ; enfin soient a, b, c les côtés du triangle ABC, et d la distance très-petite CO.

D'abord, les angles en I étant égaux comme opposés par le sommet, les triangles BIC, AIO donnent la relation

$$\beta + C = \alpha + O,$$

d'où :

$$C = O + (\alpha - \beta).$$

La correction qu'il faut faire subir à l'angle O pour obtenir la valeur de l'angle C, est donc représentée par $\alpha - \beta$.

Or, dans les triangles CAO, CBO, on a :

$$\frac{\sin \alpha}{d} = \frac{\sin AOC}{b}, \quad \frac{\sin \beta}{d} = \frac{\sin BOC}{a}.$$

Par suite :

$$\sin \alpha = \frac{d \sin AOC}{b}, \quad \sin \beta = \frac{d \sin BOC}{a},$$

et

$$\frac{\sin\alpha}{\sin 1''} = \frac{d\sin AOC}{b\sin 1''}, \quad \frac{\sin\beta}{\sin 1''} = \frac{d\sin BOC}{a\sin 1''}.$$

Mais quand des angles sont très-petits, leur rapport est sensiblement égal à celui de leurs sinus. On peut donc prendre $\dfrac{\sin\alpha}{\sin 1''}$ et $\dfrac{\sin\beta}{\sin 1''}$ pour mesures des angles α et β en secondes, et écrire

$$\alpha = \frac{d\sin AOC}{b\sin 1''}, \quad \beta = \frac{d\sin BOC}{a\sin 1''}.$$

La correction à faire subir à l'angle O pour le ramener au centre de station, est donc égale à

$$\frac{d\sin AOC}{b\sin 1''} - \frac{d\sin BOC}{a\sin 1''}.$$

REMARQUE. — Les angles AOC, BOC qui entrent dans cette formule, se mesurent au cercle répétiteur avec les mêmes soins que les autres angles. On mesure la distance d ou OC, directement, avec autant d'exactitude qu'on peut. Quant aux côtés a, b, c du triangle, il semble que leur introduction dans la formule est un cercle vicieux, car on ne cherche la valeur exacte de l'angle C, qu'en vue de résoudre le triangle ABC. Il n'en est rien cependant, car dans la formule de correction, les valeurs de a, b, c n'ont besoin que d'être connues que par à peu près. Or le triangle ABC faisant partie généralement d'un réseau de triangles, la valeur d'un de ses côtés est connue par des calculs antérieurs, et deux de ses angles au moins sont connus par approximation. Une résolution de ce triangle effectuée sur ces données imparfaites, fera donc connaître des valeurs approchées de ses côtés, à l'aide desquelles on calculera les corrections que doivent subir ses angles ; ce n'est qu'ensuite, qu'une nouvelle résolution du triangle fera connaître les valeurs exactes de ses côtés.

———

1.—Quand deux arcs ont leurs cosinus égaux et de signes contraires, quelle est la relation qui les lie? — Même question pour deux arcs qui ont des sinus égaux et de signes contraires, — Ou des tangentes égales et de signes contraires.

2. — On a $\cos x = \sin y$. Quelle est la relation qui lie les arcs x et y?

3. — L'arc de 75° peut se partager en deux arcs dont on trouve facilement les sinus et les cosinus au moyen de la Géométrie. On propose de calculer ces quatre lignes, et de s'en servir ensuite pour calculer le sinus, le cosinus et la tangente de l'arc de 75°.

4. — Démontrer que quel que soit l'arc a, on a toujours :

$$\frac{\sin 7\,a}{2 \sin a} - \frac{1}{2} = \cos 2\,a + \cos 4\,a + \cos 6\,a.$$

Généraliser.

5. — Etant donnée la relation $\dfrac{\sin \alpha}{\sin (\theta - \alpha)} = m$, en déduire les valeurs de $\tang \alpha$ et de $\operatorname{tg} \left(\alpha - \dfrac{\theta}{2} \right)$ en fonction de θ.

6. — Démontrer la relation

$$\frac{\sin a + \sin 2\,a + \sin 3\,a}{\cos a + \cos 2\,a + \cos 3\,a} = \tang 2\,a.$$

7. — Etant donnée la relation $(1 + e \cos \theta).\,(1 - e \cos u) = 1 - e^2$, montrer qu'il en résulte

$$\operatorname{tg} \frac{\theta}{2} = \sqrt{\frac{1+e}{1-e}}\ \operatorname{tg} \frac{u}{2}.$$

8. — Démontrer que les deux expressions

$A = \cos a \cos b \sin (b-a) + \cos b \cos c \sin (c-b) + \cos c \cos a \sin (a-c)$
et $B = \sin a \sin b \sin (b-a) + \sin b \sin c \sin (c-b) + \sin c \sin a \sin (a-c)$
ont pour valeur commune

$$A = B = -\sin (b-a) \sin (c-b) \sin (a-c).$$

9. — Démontrer que l'expression

$$\sin (a+b) \sin (b-a) + \sin (b+c) \sin (c-b) + \sin (c+a) \sin (a-c)$$
est égale à 0.

10. — Montrer que l'expression

$$(a+\cos \theta)^2 + (1+a \cos \theta)^2 - 2(a+\cos \theta)(1+a \cos \theta) \cos \theta,$$
peut être mise sous la forme

$$(1+2a \cos \theta + a^2) \sin^2 \theta.$$

11. — Démontrer les relations

$$\operatorname{arc\,sin} \frac{3}{5} + \operatorname{arc\,sin} \frac{4}{5} = \frac{\pi}{2},$$

$$\operatorname{arc\,tg} \frac{1}{2} + \operatorname{arc\,tg} \frac{1}{3} = \frac{\pi}{4}.$$

(On est convenu de désigner par arc tg a, arc sin a, l'arc dont la tangente est égale à a, l'arc dont le sinus est égal à a).

12. — Démontrer les formules

$$\tan a + \cotg a = 2 \operatorname{coséc} 2a,$$

$$\sin 2a = \frac{2 \operatorname{tg} a}{1 + \operatorname{tg}^2 a},$$

$$\cos 2a = \frac{1 - \operatorname{tg}^2 a}{1 + \operatorname{tg}^2 a},$$

$$\operatorname{tg} \frac{a}{2} = \frac{1 - \cos a}{\sin a},$$

$$\cotg \frac{a}{2} = \frac{1 + \cos a}{\sin a},$$

13. — Démontrer les relations

$$\cos (a+b) \cos (a-b) = \cos^2 a - \sin^2 b = \cos^2 b - \sin^2 a,$$

$$\sin (a+b) \sin (a-b) = \sin^2 a - \sin^2 b = \cos^2 b - \cos^2 a.$$

14. — Démontrer que si l'on a

$$a+b+c=\pi,$$

on a

$$\sin a+\sin b+\sin c-4\cos\frac{a}{2}\cos\frac{b}{2}\cos\frac{c}{2}=0.$$

$$\cos^2 a+\cos^2 b+\cos^2 c+2\cos a\cos b\cos c=1.$$

$$\cos a+\cos b+\cos c=1+4\sin\frac{a}{2}\sin\frac{b}{2}\sin\frac{c}{2}.$$

15. — Démontrer que quand $a+b+c=\pi$, on a les relations :

$$\sin 2a+\sin 2b+\sin 2c=4\sin a\sin b\sin c,$$
$$\cos 2a+\cos 2b+\cos 2c=-1-4\cos a\cos b\cos c.$$

$$\sin^2\frac{a}{2}+\sin^2\frac{b}{2}+\sin^2\frac{c}{2}+2\sin\frac{a}{2}\sin\frac{b}{2}\sin\frac{c}{2}=1.$$

$$\sin^2 2a+\sin^2 2b+\sin^2 2c+2\cos 2a\cos 2b\cos 2c=2.$$

16. — Si l'on a $a+b+c=\dfrac{\pi}{2}$, on a aussi

$$\operatorname{tg} a\operatorname{tg} b+\operatorname{tg} a\operatorname{tg} c+\operatorname{tg} b\operatorname{tg} c=1.$$

$$\operatorname{tg} a+\operatorname{tg} b+\operatorname{tg} c=\operatorname{tg} a\operatorname{tg} b\operatorname{tg} c+\sec a\sec b\sec c.$$

17. — Démontrer que quels que soient les arcs a, b et c, on a toujours :

$$\sin(b+c-a)+\sin(a+c-b)+\sin(a+b-c)-\sin(a+b+c)$$
$$=4\sin a\sin b\sin c.$$

$$\cos(b+c-a)+\cos(a+c-b)+\cos(a+b-c)+\cos(a+b+c)$$
$$=4\cos a\cos b\cos c.$$

$$\sin a\sin(b-c)+\sin b\sin(c-a)+\sin c\sin(a-b)=0.$$

$$\cos a\sin(b-c)+\cos b\sin(c-a)+\cos c\sin(a-b)=0.$$

$$\sin(b+c)\cos(b-c)+\sin(c+a)\cos(c-a)+\sin(a+b)\cos(a-b)$$
$$=\sin 2a+\sin 2b+\sin 2c.$$

$$\sin a+\sin b+\sin c-\sin(a+b+c)=4\sin\frac{a+b}{2}\sin\frac{a+c}{2}\sin\frac{b+c}{2}.$$

$$\cos a+\cos b+\cos c+\cos(a+b+c)=4\cos\frac{a+b}{2}\cos\frac{a+c}{2}\cos\frac{b+c}{2}.$$

$$\operatorname{tg}\left(\frac{\pi}{4}+a\right)-\operatorname{tg}\left(\frac{\pi}{4}-a\right)=2\operatorname{tg} 2a.$$

$$\operatorname{cotg}\frac{a}{2}-\operatorname{tg}\frac{a}{2}=2\operatorname{cotg} a.$$

$$\operatorname{tg}\frac{a}{2}\sec a=\operatorname{tg} a-\operatorname{tg}\frac{a}{2}.$$

18. — Démontrer les formules

$$\mathrm{tg}\left(\frac{\pi}{4}-\frac{a}{2}\right)=\sqrt{\frac{1-\sin a}{1+\sin a}},$$

$$\mathrm{tg}\left(\frac{\pi}{4}-\frac{a}{2}\right)=\frac{1-\sin a}{\cos a}=\frac{\cos a}{1+\sin a}.$$

$$\mathrm{tg}\,x=\mathrm{cotg}\,x-2\,\mathrm{cotg}\,2\,x.$$

19. — Démontrer les égalités

$$\sin(60°+a)-\sin(60°-a)=\sin a$$
$$\sin(30°+a)+\sin(30°-a)=\cos a$$
$$\cos(30°-a)-\cos(30°+a)=\sin a.$$

$$\left(\mathrm{tg}\,\frac{a+b}{2}-\mathrm{tg}\,\frac{a-b}{2}\right)(\cos a+\cos b)=2\sin b.$$

20. — Démontrer la relation :

$$\mathrm{tg}(a-b)+\mathrm{tg}(b-c)+\mathrm{tg}(c-a)=\mathrm{tg}(a-b)\,\mathrm{tg}(b-c)\,\mathrm{tg}(c-a).$$

21. — Démontrer les formules

$$\sin x=\sin(36°+x)-\sin(36°-x)+\sin(72°-x)-\sin(72°+x)$$
$$\cos x=\sin(54°+x)+\sin(54°-x)-\sin(18°+x)-\sin(18°-x).$$

22. — Trouver $\sin a$ et $\sin b$ en fonction de $\sin(a+b)$ et de $\sin(a-b)$.

23. — Trouver $\cos a$ et $\cos b$ en fonction de $\cos(a+b)$ et de $\cos(a-b)$.

24. — Trouver la limite du produit

$$\cos\frac{a}{2}\ \cos\frac{a}{4}\ \cos\frac{a}{8}\ \ldots\ \cos\frac{a}{2^n}$$

quand on y fait $n=\infty$.

25. — Calculer l'angle x donné par la relation

$$2\sin x=\sin(45°-x)$$

26. — Résoudre l'équation

$$\cos(x+30°)-\cos(x-45°)=\sin 15°.$$

27. — Résoudre les équations

29. — Résoudre l'équation
$$\cos 2x = a(\cos x - \sin x),$$
dans laquelle a désigne un nombre positif. (Condition de possibilité).

30 — Résoudre l'équation
$$\sin(x-a) = \sin x - \sin a$$

31. — Résoudre
$$\sin x \, \mathrm{tg}\, y = \mathrm{tg}\, b$$
$$\cos y \, \cot x = \cot a$$

32. — Résoudre
$$\cot gx - \mathrm{tang}\, x = \sin x + \cos x.$$

33. — Partager l'arc de 45° en deux parties dont les tangentes soient dans le rapport de 5 à 6.

34. — Résoudre
$$\csc 2x = 2\,\mathrm{tg}\, x.$$

35. — Résoudre
$$\mathrm{tg}\, x + \sin x = \sec x - \cos x.$$

36. — Calculer deux arcs x et y, connaissant leur somme (ou leur différence), et la somme, ou la différence, ou le produit, ou le quotient de leurs sinus.

37. — Même question en remplaçant les sinus par les cosinus, ou les tangentes, ou les cotangentes, ou les sécantes, ou les cosécantes.

38. — Résoudre l'équation
$$\sec x = \sin x + \cos x.$$

39. — Résoudre l'équation
$$\sin^2 x + \mathrm{tg}^2 x = 1.$$

40. — Résoudre l'équation
$$\frac{1}{\sin x} + \frac{1}{\cos x} = m.$$

41. — Résoudre
$$a\,\mathrm{tang}(45° + x) + b\,\mathrm{tang}(45 - x) = c.$$

42. — Résoudre
$$\sin x + \sin 2x + \sin 3x = 1 + \cos x + \cos 2x.$$

43. — Résoudre l'équation
$$A\sin x + B\cos x = m.$$

44. — Résoudre l'équation
$$A\sin(a+x) + B\sin(b+x) = 0.$$

45. — Résoudre le système

$$\sin x + \sin y = m,$$
$$\cos x + \cos y = n.$$

46. — Résoudre le système

$$A \sin x + B \sin y = m,$$
$$A \cos x + B \cos y = n.$$

47. — Trouver le maximum de $\sin x + \cos x$.

48. — Trouver le maximum de $\sin 2x + \cos x$.

49. — Trouver le maximum de la somme $\operatorname{tg} x + \operatorname{cotg} x$.

50. — Trouver un arc y tel que si l'on désigne sa tang. par $x+1$, cet arc vaille trois fois celui dont la tang. est $x-1$.

51. — Touver un arc tel que la tangente de son double soit égale à deux fois la tangente de sa moitié.

52. — Rendre calculable par logarithmes l'expression

$$\frac{\sin x + \sin y + \sin z - \sin (x+y+z)}{\cos x + \cos y + \cos z + \cos (x+y+z)}.$$

53. — Rendre calculables par logarithmes les expressions

$$\sin a + \sin 3a + \sin 5a,$$
$$\cos a + \cos 3a + \cos 5a.$$

54. — Rendre calculables par logarithmes les racines de l'équation

$$x^2 \cos a - x \sin a \sin 2a - \cos a \cos 2a = 0.$$

55. — Quel doit être le rayon d'un cercle, pour que la différence entre un arc de 10^{m} et sa corde soit moindre que 1^{millim}.

56. Vérifier que les valeurs de x' et x'' trouvées pages 46 et 47 satisfont aux relations

$$x' + x'' = -p, \quad x' + x'' = q.$$

57. — Vérifier que les valeurs de $\sin \dfrac{A}{2}$ et $\cos \dfrac{A}{2}$ de la page 89, non-seulement sont réelles, mais encore moindres que 1, si chacun des côtés a, b et c est moindre que la somme des deux autres.

58. — Résoudre un triangle rectangle, connaissant le périmètre $2p$ de ce triangle et la hauteur h abaissée du sommet de l'angle droit sur l'hypoténuse.

59. — Résoudre un triangle rectangle dans lequel on connaît l'hypoténuse a et la hauteur h.

60. — Dans tout triangle rectangle, on a

$$\operatorname{tang}^2 \frac{B}{2} = \frac{a-c}{a+c}$$

61. — Tout triangle dans lequel on a

$$\frac{\operatorname{tang} B}{\operatorname{tang} C} = \frac{\operatorname{Sin}^2 B}{\operatorname{Sin}^2 C}$$

est isocèle ou rectangle.

62. Si l'on désigne comme d'habitude par r, r', r'', r''' les rayons du cercle inscrit et des cercles ex-inscrits à un triangle, on a :

$$r' = r \operatorname{cotg} \frac{B}{2} \operatorname{cotg} \frac{C}{2}$$

$$r'' = r \operatorname{cotg} \frac{A}{2} \operatorname{cotg} \frac{C}{2}$$

$$r''' = r \operatorname{cotg} \frac{A}{2} \operatorname{cotg} \frac{B}{2}$$

63. — Les mêmes notations étant adoptées, et de plus R représentant le rayon du cercle circonscrit, on a :

$$\frac{1}{r} = \frac{1}{r'} + \frac{1}{r''} + \frac{1}{r'''}; \quad R = \frac{r' + r'' + r''' - r}{4}$$

64. — Démontrer qu'un triangle est isocèle, si l'on a :

$$a = 2b \cos C; \text{ ou } \sin A = 2 \sin B \cos C; \text{ ou } a = 2b \sin \frac{A}{2}$$

65. — Démontrer qu'un triangle est rectangle quand on a :

$$S^2 = p\,(p-a), \text{ ou } r' = r + r'' + r'''.$$

66. — Résoudre le triangle dans lequel on a

$$A = 24^\circ\text{-}18'\text{-}35'',6$$
$$b = 73462,24$$
$$c = 54836,42$$

67. — Résoudre un triangle dans lequel on a

$$a = 36856,25$$
$$B = 62^\circ\text{-}56'\text{-}32'',7$$
$$C = 59^\circ\text{-}43'\text{-}17'',2.$$

68. — Résoudre un triangle dans lequel on a

$$a = 24256,25$$
$$b = 18237,31$$
$$c = 15342,24.$$

69. — Résoudre un triangle, connaissant ses angles A, B et C et sa surface m^2.

70. — Résoudre un triangle, connaissant A, h et $b+c$.

71. — Résoudre un triangle, connaissant A, h et $b-c$.

72. — Résoudre un triangle, connaissant A, h et $\dfrac{b}{c}$.

73. — Résoudre un triangle, connaissant a, B—C et $b-c$.

74. — Résoudre un triangle, connaissant son angle A, le produit $bc = m^2$ des côtés qui le comprennent, et la différence $b^2 - c^2 = n^2$ des carrés de ces mêmes côtés.

75. — Résoudre un triangle connaissant deux de ses côtés, et la bissectrice de leur angle.

76. — Résoudre un triangle connaissant un de ses angles, la hauteur correspondante et le produit des côtés qui comprennent l'angle.

77. — Résoudre un triangle connaissant a, h et $b+c$.

78. — Résoudre un triangle connaissant a, h et $b-c$.

79. — Résoudre un triangle connaissant a, A et le rapport m de $b-c$ à h.

80. — Résoudre un triangle connaissant un côté a, la hauteur correspondante h, et la différence d des angles B et C adjacents à la base.

81. — Résoudre un triangle connaissant ses angles et le rayon du cercle inscrit.

82. — Résoudre un triangle connaissant ses angles et le rayon du cercle circonscrit.

83. — Résoudre un triangle connaissant sa base, la somme de ses deux autres côtés et le rayon du cercle inscrit.

84. — Résoudre un quadrilatère connaissant ses quatre côtés et sa surface.

85. — Connaissant les 4 côtés d'un quadrilatère inscriptible, calculer 1° les angles de ses côtés opposés, 2° l'angle de ses diagonales, 3° le rayon du cercle circonscrit.

86. — Démontrer que quand un objet est vu sous un angle d'une seconde, sa distance est égale à 206265 fois sa dimension linéaire.

87. — Par un point pris à l'intérieur ou à l'extérieur d'un cercle, mener deux droites comprenant entre elles un angle donné, et sur lesquelles la circonférence intercepte deux cordes dont le produit soit maximum ou minimum.

88. — Calculer l'angle aigu que fait une médiane d'un triangle avec le côté opposé, en fonction des trois angles de ce triangle.

89. — Trouver le maximum du rectangle inscrit dans un secteur donné.

90. — Trouver le maximum du rectangle inscrit dans un segment déterminé.

91. — Par un point donné dans un angle, mener une droite qui détermine un triangle de surface maximum.

92. — Étant donnés deux cercles, trouver sur la ligne qui joint leurs centres un point tel que la somme des tangentes menées de ce point aux deux circonférences soit maximum.

93. — La somme des distances du centre du cercle circonscrit à un triangle aux trois côtés de ce triangle, est égale à la somme des rayons de la circonférence inscrite et de la circonférence circonscrite.

94. — Trouver le maximum de la déviation subie par un rayon lumineux qui traverse un prisme dont l'angle est A, et l'indice de réfraction m.

95. — Deux circonférences de rayons a et b se touchent extérieurement. Calculer le sinus de l'angle que comprennent entre elles les tangentes communes extérieures à ces deux circonférences.

96. — Calculer dans la circonférence du rayon 1, la surface du triangle compris entre la corde qui sous-tend un arc de $72°\text{-}25'\text{-}18''{,}7$ et les cordes qui joignent les extrémités de la première au milieu de l'arc.

97. — Calculer l'angle compris entre deux faces adjacentes d'un tétraèdre régulier, — ou d'un octaèdre régulier, — ou d'un icosaèdre régulier, — ou d'un dodécaèdre régulier.

98. — Si l'on désigne par ω et ω' les angles que font les rayons vecteurs d'un point quelconque d'une ellipse avec la ligne des foyers FF', le produit $\operatorname{tg}\dfrac{\omega}{2}\times\operatorname{tg}\dfrac{\omega'}{2}$ est constant.

99. — Partager l'angle A d'un triangle en deux parties α et β telles que le produit des segments déterminés par la ligne de partage sur le côté opposé, soit égal à un carré donné k^2.

100. — Etant données deux droites finies a et b, et un point dans leur plan, mener par ce point une droite telle que les projections des deux premières sur celle-là soient égales.

101. — D'un point fixe C on mène à une circonférence O une

sécante qui la coupe en des points A et B. Démontrer que si l'on désigne par α et β les angles AOC, BOC, le produit $\operatorname{tg} \dfrac{\alpha}{2} \times \operatorname{tg} \dfrac{\beta}{2}$ est constant quelle que soit la sécante.

102. — Trouver l'aire d'une zone connaissant le rayon R de la sphère, l'angle α que font entre eux les rayons qui aboutissent aux extrémités de l'arc générateur de la zone, et l'angle β que fait l'un de ces rayons avec l'axe.

103. — Par un point pris sur l'arête d'un dièdre dont l'angle rectiligne est α, on mène dans les deux faces des droites faisant avec l'arête de ce dièdre un même angle β. Calculer l'angle de ces droites.

104. — La différence entre les périmètres du décagone régulier inscrit et du décagone régulier circonscrit à une circonférence est égale à 1^{m}. Calculer le rayon. Rendre la formule calculable par logarithmes.

105. — Même question en supposant la différence des surfaces des deux mêmes polygones égale à 1^{mq}.

106. — Une sphère est introduite dans un cône renversé dont l'angle au sommet $ASB = 2\alpha$ est donné. Calculer le rapport du volume compris entre la surface inférieure de la sphère et le sommet du cône, au volume de la sphère entière. Faire le calcul en supposant $\alpha = 60^{\circ}$.

107. — Etant données deux parallèles et un point dans leur plan, on propose de leur mener une perpendiculaire commune qui soit vue de ce point sous un angle maximum.

108. — Un ballon M est vu de trois stations A, B, C situées dans un même plan horizontal, et l'on a mesuré les angles α, β, γ que font les rayons visuels AM, BM, CM avec le plan ABC. Calculer la hauteur h du ballon au-dessus de ce plan, en supposant les distances BC, AC, AB représentées par a, b, c. — On considérera en particulier le cas où les trois stations sont en ligne droite, et celui où elles sont les sommets d'un même triangle équilatéral.

109. — Un triangle ABC étant inscrit dans un cercle dont le rayon est 1, on mène par le sommet de chaque angle une perpendiculaire à la bissectrice de cet angle. On obtient aussi un triangle A'B'C' dont les côtés passent respectivement par les sommets du premier. Cela posé, on demande de résoudre le triangle ABC, sachant :

1° Que dans le triangle ABC, le rapport du côté AB à la somme des deux autres est égal à un nombre donné λ.

2° Que dans le triangle A'B'C', le rapport du côté A'B' à la somme des deux autres est égal à un nombre donné μ.

On indiquera les conditions auxquelles doivent satisfaire λ et μ pour que le problème soit possible. On achèvera ensuite le calcul en supposant $\lambda = \dfrac{1}{2}$ et $\mu = \dfrac{2}{3}$.

110. — Étant données trois circonférences concentriques, construire un triangle équilatéral ayant un sommet sur chacune d'elles.

111. — Démontrer que la projection d'un triangle (et par suite d'une figure plane quelconque) sur un plan, a pour mesure le produit de sa surface par le cosinus de l'angle que fait son plan avec le plan de projection.

112. — Quand on projette sur un plan deux diamètres rectangulaires d'une circonférence située dans un plan non parallèle au premier, la somme des carrés des deux projections est constante.

113. — Trouver l'angle maximum de deux diamètres conjugués d'une ellipse, l'ellipse étant considérée comme la projection d'une circonférence.

114. — Trouver le minimum de la surface du rectangle construit sur deux diamètres rectangulaires d'une ellipse, cette courbe étant définie par la propriété de ses foyers.

115. Construire géométriquement les valeurs de x et y données par les relations

$$x^2 + y^2 = a^2 + b^2, \quad xy = ab \sin \theta$$

dans lesquelles a et b sont des lignes données, et θ un angle connu.

TABLE.

OUVRAGES DU MÊME AUTEUR :

—

Arithmétique des commençants, par demandes et par réponse, avec de nombreux exercices, à l'usage des écoles primaires, et des basses classes des lycées. 2ᵉ édit. Prix cart . . . . 1 fr. »

Solutions raisonnées des exercices. Prix. 0 25

Éléments d'arithmétique, à l'usage des écoles primaires et des classes de 4ᵉ des Lycées. 2ᵉ Édition.

    Première partie. — Théorie. Prix cart. . . . . 1 »
    Deuxième partie. — Exercices et Problèmes. — Prix cart. . . . 1 »

Traité d'Arithmétique, à l'usage des classes de sciences des Lycées et des Candidats au Baccalauréat ès-sciences et aux Écoles du Gouvernement. 1 vol. in-8º. Prix br. . . . . 4 »

Traité élémentaire d'Algèbre, à l'usage des mêmes élèves. 1 vol. in-8º. Prix br. . . . . 4 »

Traité de Géométrie élémentaire, à l'usage des mêmes élèves, accompagné de nombreux problèmes gradués. 1 vol. in-8º. Prix br. . . . . . 5 »

Traité élémentaire de Géométrie descriptive, à l'usage des mêmes élèves. 1 vol. in-8º. Prix br. 2 50

Précis de levé des plans et de nivellement, à l'usage des mêmes élèves. 1 vol. in-8º. Prix br. . . . . 1 »

Cours de Cosmographie, à l'usage des mêmes élèves. 1 vol. in-8º. Prix br. 3 50

MAYENNE, IMP. A. DERENNE. — PARIS, BOULEVARD SAINT-MICHEL, 52.